KB120385

교양으로 알아야할 문법과 맞춤법

박 종 호 지음

청운

| 머리말 |

"이전에는 몰랐는데, 한국어는 알수록 어렵네요."

외국인이 한 말이 아니고 한국어를 공부하고 있는 한국인의 말이다. '한국어가 정말 어려운 언어인가?'라는 생각이 들다가도 어딘지 모르게 서운한 말이었다. 여기서 한 가지 분명한 것은 우리가 쓰고 있는 언어라는 이유만으로 평소에는 관심조차 두지 않는 것은 아닌지 반성해 보아야 한다는 것이다.

인간은 언어라는 것으로 서로 의사소통을 한다. 하지만 한 나라 안에서도 각기 다른 표현 방식을 갖고 있는 경우가 있어서 같은 언어를 사용하고는 있지만 여러 이유로 소통이 안 되는 경우가 있다.

그 이유는 여러 가지가 있는데, 예를 들면 연령, 세대, 지역, 계층 등등의 조건이라 하겠다. 우리나라도 여러 이유에서 전 국민이 한국어를 쓰고는 있지만 서로 다른 표현 방식으로 인해서 소통이 되지 않는 경우가 있었다. 이에 정부 차원에서 그간 전 국민의 언어 표준화를 위해 많은 정책을 시행해 왔고, 지금도 상당히 많은 노력을 하고 있다.

언어는 그 언어를 사용하는 사람들의 약속이다. 언어를 올바로 알고 쓰기 위해서는 그 언어를 쓰고 있는 사람들의 노력과 관심이 필요한 것이다.

이 책은 지식인인 대학생들이 한국어의 기본적인 언어적 내용을 알고 언어생활에서 올바르게 쓰고 따르며 지켜야 할 어문규범을 이해하도록 하기 위한 내용을 담고 있다.

1부에서는 한글맞춤법 대원칙을 문법의 개념과 연계하여 살펴보고, 아울러 한글맞춤법, 표준어규정, 표준발음법 등의 각 항과 관련이 있는 한국어학의 음운론과 형태론 기본 개념을 함께 정리해 보았다.

2부에서는 외래어표기법과 로마자표기법, 1부에서 다루지 않은 몇몇 규정, 2011~2016년에 추가된 표준어 그리고 문장부호 등을 수록하였다.

이 '문법과 맞춤법'을 통해 한국어학의 전반적인 지식이나 어문규범을 완벽하게 통달할 수는 없을 것이다. 하지만 저자로서 소박하게나마 바라는 것은 앞으로 이 사회의 중추적인 역할을 할 대학생들이 한국어의 일반적인 개념과 더불어 따르고 지켜야 할 공식적인 기준인 어문규범에 대해 관심을 갖는 계기가 되는 것이다.

이 책이 나오기까지 자료 정리에 도움을 준 심인보, 조보람 학생과 지서채에게 고마움을 전한다. 아울러 항상 어려운 가운데 좋은 책을 만들어주시는 청운출판사 전병욱 사장님께 감사함을 전한다.

2017년 2월

저자 박종호

차례

Ⅰ. 맞춤법과 문법

Ⅰ. 맞춤법과 문법

1. 문법 개념과 한글맞춤법 대원칙

문법 개념과 한글맞춤법 1항

문법은 말의 구성 및 운용상의 규칙을 말한다. '문법'이라는 언어의 운용 규칙에서 다루고 있는 단위를 일컬어 '문법 단위'라 하는데, 형태소나 단어, 어절, 문장 등이 그 대표적인 것들이라 할 수 있다.

한국어라는 언어를 쓰는 한국 언어사회에서, 한국어를 대상으로 일정한 규칙에 맞도록 쓰는 방법을 '한글맞춤법'이라고 한다.

문법을 언어의 운용 규칙이라는 측면에서 보면, 한글맞춤법은 한국 언어 사회에서 쓰는 언어를 대상으로 일정한 규칙에 맞도록 쓰는 방법이라 하겠다. 이는 문법의 개별 단위들인 형태소부터 시작해서 단어, 어절, 문장 등에 이르기까지의 요소들을 올바르게 쓰도록 하는 한국어 운용 규칙이라 할 수 있다.

제1장 총칙(總則)

제1항 한글 맞춤법(正書法)은 표준어(標準語)를 소리대로 적되, 어법(語法)에 맞도록 함을 원칙(原則)으로 한다.

제1장 총칙 제1항은 한글맞춤법의 대원칙으로 한글맞춤법의 대상이 "표준어"라는 사실을 명시해 놓고 있다. "표준어"는 한 나라 안에서 공식적으로 쓰는 언어인 공용어로 쓰는 규범으로서의 언어를 말한다.

총칙 제1장 1항에는 두 가지 의미가 있는데, 1차적으로는 표준어로 인정하여 선택하면 발음대로 적어야 하는 것이고, 2차적으로는 발음대로 적은 철자라도 문법에 맞지 않으면 안 된다는 것이다.

제1장에서 규정하고 있는 한글맞춤법의 원리는 단어 각 음소를 충실히 표기하는 음소적 원리(表音)와 형태소의 꼴을 고정시켜 표기하는 형태소적 원리(表意)이다.

한 걸음 더

음소적 원리는 각 음소를 발음되는 모습 그대로 적은 것을 뜻하며, 형태소적 원리는 실제로 발음되는 모습보다는 원래 모습의 형태를 그대로 표기에 반영해서 적는 것을 뜻한다.

◎ 음소

음소는 어떤 음성이 특정 언어에서 의미 분화의 기능하는 소리로, 흔히 한 언어 체계에서 다른 소리와 구별되는 최소의 소리 단위를 말한다.

음소는 특정 언어와 관련된 것이기 때문에 음성학적으로 구분이 되는 것이 음운론적으로는 구별되지 않는 경우가 많다.

예를 들어 영어에서는 [l]과 [r]은 구분이 되는 변별적 기능의 음소이지만, 한국어에서는 '알'의 ㄹ은 [l]와 [r] 둘 중 어느 것으로 발음해도 같은 것으로 인식이 된다. 즉, 한국어에서는 [l]과 [r]은 다른 음소로 구별되지 않는 것이다.

◎ 형태소

형태소는 일정한 의미를 가진 최소의 유의적 단위로 자립성의 유무와 실질적 의미의 유무에 따라서 구분할 수 있다.

우선 자립성 유무에 따라 자립형태소(自立形態素, free morpheme)와 의존형태소(依存形態素, bound morpheme)로 나눌 수 있고, 실질적 의미와 기능에 따라 실질형태소(實質形態素, full morpheme)와 형식형태소(形式形態素, empty morpheme)로 나눈다.

자립 형태소는 자립성이 있어 혼자 쓰일 수 있는 형태소로서 명사, 대명사, 수사 등과 같은 체언, 관형사와 부사 등과 같은 수식언, 감탄사와 같은 독립언이 여기에 해당된다.

의존 형태소는 자립성이 없어 반드시 다른 형태소와 함께 쓰이는 형태소로서 '조사, 접사, 어미, 용언의 어간' 등이 있다.

또한 형태소는 실질적 의미의 유무에 따라서 실질 형태소와 형식 형태소로 분류되는데, 실질 형태소는 구체적인 대상이나 동작, 상태를 나타내는 형태소로서 체언, 수식언, 독립언, 용언의 어간 등이 여기에 속한다. 형식 형태소는 실질 형태소에 붙어서 문법적 관계를 표시해 주는 형태소로 '조사, 접사, 어미' 등이 여기에 해당된다.

㉄ 영수가 지금 빵을 사서 도서관으로 향했다. →
영수/가 /지금/ 빵/을 사/서/ 도서관/으로/ 향/하/였/다/

기준	종류	성격	예
자립성 유무	자립 형태소	다른 형태소의 도움 없이 혼자 쓰일 수 있는 형태소	명사, 대명사, 수사, 관형사, 부사, 감탄사
	의존 형태소	자립성이 없어 반드시 다른 형태소와 함께 쓰이는 형태소	조사, 용언 어간, 어미, 접사
실질적 의미의 유무	실질(어휘) 형태소	구체적인 대상이나 상태, 동작을 나타내는 형태소	자립 형태소 전부, 용언의 어간
	형식(문법) 형태소	실질 형태소에 붙어서 문법적 관계나 형식적 의미를 더해주는 형태소	어미, 접사, 조사

◎ 띄어쓰기와 외래어 표기법의 대원칙

한글맞춤법에서 띄어쓰기에 관한 규정은 다음 제2항이 대원칙에 해당한다.

> 제2항 문장의 각 단어는 띄어 씀을 원칙으로 한다.

띄어쓰기는 이 대원칙을 바탕으로 총 11개의 항이 있다. 이 가운데 제2항은 띄어쓰기와 관련한 총칙으로 띄어쓰기의 기본 원칙을 제시한 항이라 하겠다.

제2항에서는 문장의 각 단어는 띄어쓴다고 규정하고 있는데, 이 경우 현행 학교문법에서 조사도 단어로 인정하고 있기 때문에 '철수가극장에갔다.'라는 문장의 띄어쓰기는 '철수/가/극장/에/갔다.'가 된다. 물론 이러한 문제를 해결하기 위해 한글맞춤법에서는 41항부터 50항까지 세부적인 항을 두고 있다. 즉, 41항 '조사는 앞말에 붙여쓴다.'라는 세부 항에 의해 '철수가 극장에 갔다.'가 되는 것이다.

물론 제2항과 41항에 의해 각 단어는 띄어 쓰고, 조사는 앞말에 붙여 쓴다고 이해하는 것도 좋지만 보다 간편하게 문장 성분 단위 즉, '어절별로 띄어쓴다.'라고 이해하는 것이 더 좋을 듯하다.

외래어의 표기와 관련한 대원칙은 제3항 규정이다.

> 제3항 외래어는 '외래어 표기법'에 따라 적는다.

외래어란 외국으로부터 한국어 들어와서 국어처럼 쓰이는 단어를 일컫는데, 이 외래어를 표기하는 것은 국어와 음운 체계가 전혀 다른 언어로부터 차용된 것이기 때문에 각각의 언어 특성을 고려해야 한다. 따라서 외래어의 표기는 '표기 원칙', 각 언어의 음운 체계를 고려한 '표기 일람표', '표기 세칙' 등을 따로 두어서 이에 따라 표기하도록 하고 있다.

◎ 어절

어절은 일반적으로 문장을 구성하고 있는 각각의 마디로 흔히 띄어쓰기 단위가 된다. 어절은 체언과 조사가 결합한 형태나 동사나 형용사처럼 어간과 어미가 결합한 형태들이 그 구성을 이룬다. 또한 관형사와 부사, 감탄사 등 독립된 하나의 단어가 그대로 어절이 되는 경우도 있다.

한편, 어절이 문장에서 나타내는 기능을 흔히 '문장성분'이라 하는데, 단어 단독 혹은 단어와 단어가 결합하여 어절을 이루게 된다. 어절은 구성하는 것은 크게 세 가지 유형이 있다.

첫째, 단어 단독으로 어절을 이룬다.

예) 정말, 매우(부사어), 새, 헌(관형어)

둘째, 어간과 어미가 결합하여 어절을 이룬다.

예) 착한(관형어), 아름답게(부사어), 먹다, 예쁘다(서술어)

셋째, 체언과 조사가 결합하여 어절을 이룬다.

예) 철수가(주어), 철수의(관형어), 철수를(목적어)

한 걸음 더

어절(語節)은 문장 성분과 그 단위가 일치하는데, 문장 성분은 단어 혹은 단어들이 모여 문장을 구성하면서 일정한 구실을 하는 요소들을 말한다.

문장에서 가장 중심이 되는 역할을 하는 것은 서술어이다. 이 서술어에 따라 문장을 구성하는 다른 성분들이 결정된다. 서술어는 다른 문장 성분에 비해 잘 생략되지 않으며, 다양한 어미를 통해 문법적 기능을 나타낸다.

주어는 서술어의 동작이나 작용, 상태의 주체가 되는 것을 나타내면, 목적어는 서술어의 행위가 미치는 대상을 나타낸다. 보어는 서술어와 주어만으로 완전한 뜻을 나타내지 못할 때 서술어를 보완해주는 성분이다.

관형어와 부사는 다른 문장 성분을 수식하는 역할을 하며, 독립어는 다른 말과 관계 없이 홀로 쓰이는 문장 성분이다.

〈문장 성분의 유형, 갈래 및 구성 요소〉

유 형	갈 래	성 격	문장 성분 구성 요소
주 성 분	주어	기본 골격에서 '무엇이'에 해당하는 부분	명사(류)+조사 용언의 명사형+조사
	서술어	'어찌한다, 어찌하다, 무엇이다'와 같이 주어를 풀이하는 성분	동사, 형용사 명사+서술격조사
	목적어	기본 골격에서 '무엇을'에 해당하는 성분	명사+목적격조사 동사, 형용사의 명사형+목적격조사
	보어	'되다, 아니다' 문장에서 바로 앞에 오는 '무엇이' 성분	명사+보격조사
부속성분	관형어	체언을 꾸며 주는 성분	관형사 용언의 관형형 명사+관형격조사
	부사어	용언을 꾸며 주는 성분	부사 용언의 부사형 명사+부사격조사
독립성분	독립어	문장의 다른 어느 성분과도 직접적인 관계가 없는 성분	호격조사 감탄사

2. 음운론과 어문규정

자모(字母)와 한글맞춤법 2장

자모(字母)는 한 개의 음절을 자음과 모음으로 갈라서 적을 수 있는 낱낱의 글자를 이르는 말로 자음과 모음, 쌍자음, 이중모음 등이 있다. 자음과 모음은 일반적으로 성대를 통과한 공기들이 장애를 받느냐 받지 않느냐에 따라 구분하는데, 장애를 받으면 자음이고 장애를 받지 않으면 모음이다.

제2장 자모

제4항 한글 자모의 수는 스물넉 자로 하고, 그 순서와 이름은 다음과 같이 정한다.
ㄱ(기역), ㄴ(니은), ㄷ(디귿), ㄹ(리을), ㅁ(미음), ㅂ(비읍),
ㅅ(시옷), ㅇ(이응), ㅈ(지읒), ㅊ(치읓), ㅋ(키읔), ㅌ(티읕),
ㅍ(피읖), ㅎ(히읗)
ㅏ(아), ㅑ(야), ㅓ(어), ㅕ(여), ㅗ(오), ㅛ(요), ㅜ(우), ㅠ(유),
ㅡ(으), ㅣ(이)

[붙임 1] 위의 자모로써 적을 수 없는 소리는 두 개 이상의 자모를 어울러서 적되, 그 순서와 이름은 다음과 같이 정한다.
ㄲ(쌍기역), ㄸ(쌍디귿), ㅃ(쌍비읍), ㅆ(쌍시옷), ㅉ(쌍지읒)
ㅐ(애), ㅒ(얘), ㅔ(에), ㅖ(예), ㅘ(와), ㅙ(왜), ㅚ(외), ㅝ(워),
ㅞ(웨), ㅟ(위), ㅢ(의)

[붙임 2] 사전에 올릴 적의 자모 순서는 다음과 같이 정한다.
자음 ㄱ ㄲ ㄴ ㄷ ㄸ ㄹ ㅁ ㅂ ㅃ ㅅ ㅆ ㅊ ㅈ ㅉ ㅊ ㅋ ㅌ ㅍ ㅎ
모음 ㅏ ㅐ ㅑ ㅒ ㅓ ㅔ ㅕ ㅖ ㅗ ㅘ ㅙ ㅚ ㅛ ㅜ ㅝ ㅞ ㅟ ㅠ ㅡ
ㅢ ㅣ

우리가 지금 쓰고 있는 글자는 처음 훈민정음으로 창제되었을 당시에는 자모(字母)가 모두 28자(ㆆ, ㆁ, ㅿ, ㆍ)였으나 세월이 흐르면서 소실되어 현재는 24자가 쓰이고 있다.

한글 자음의 명칭은 훈민정음이 반포된 후 한 세기가 지난 뒤에 최세진이 쓴 한자 학습서인 『훈몽자회』에 처음으로 그 명칭이 기록되었다. 물론 최세진이 자음의 명칭을 의도적으로 나타내려고 한자로 표기한 것으로 보기는 어렵고, 이는 발음의 예를 나타내기 위해서 쓴 것으로 추측된다.

자모를 사전에 올릴 때 그 차례를 정하였는데, 이는 사전 편찬자가 자모를 임의적으로 배열하는 데 따른 혼란을 최소화하기 위한 것이다. 받침 글자의 차례와 순서는 다음과 같다.

〈받침 글자의 차례〉

ㄱ, ㄲ, ㄳ, ㄴ, ㄵ, ㄶ, ㄷ, ㄹ, ㄺ, ㄻ, ㄼ, ㄽ, ㄾ, ㄿ, ㅀ, ㅁ, ㅂ, ㅄ, ㅅ, ㅆ, ㅇ, ㅈ, ㅊ, ㅋ, ㅌ, ㅍ, ㅎ

◎ 자모 체계와 표준발음법 2항, 3항

자음(子音)은 목, 입, 혀 따위의 발음 기관에 의하여 장애를 받으면서 나는 소리이고, 모음(母音)은 성대의 진동을 받은 소리가 목, 입, 코를 거쳐 나오면서, 그 통로가 좁아지거나 완전히 막히거나 하는 따위의 장애를 받지 않고 나는 소리이다.

자음과 모음의 명칭과 순서, 표기 등과 관련한 것은 앞서 본 것과 같이 한글맞춤법 4항에서 규정하고 있으며, 표준발음과 관련하여 자모음의 발음을 위한 것으로는 표준발음법 2항과 3항에서 자음 19개, 모음 21개를 규정하고 있다.

제2장 자음과 모음

제2항 표준어의 자음은 다음 19개로 한다.
ㄱ ㄲ ㄴ ㄷ ㄸ ㄹ ㅁ ㅂ ㅃ ㅅ ㅆ ㅇ ㅈ ㅉ ㅊ ㅋ ㅌ ㅍ ㅎ

제3항 표준어의 모음은 다음 21개로 한다.
ㅏ ㅐ ㅑ ㅒ ㅓ ㅔ ㅕ ㅖ ㅗ ㅘ ㅙ ㅚ ㅛ ㅜ ㅝ ㅞ ㅟ ㅠ ㅡ ㅢ ㅣ

◎ 한국어의 자음 체계

한국어의 자음은 총 19개로 '조음 방법', '조음위치', '기식음의 유무', '후두긴장성' 등 4가지 기준에 따라 분류할 수 있다.

조음 방법에 따라 '폐쇄음, 파찰음, 마찰음, 비음, 유음' 등으로 분류할 수 있으며, 조음 위치에 따라 '양순음, 치조음, 경구개음, 연구개음, 성문음'으로 분류할 수 있다. 또한 기식음의 유무에 따라 평음과 경음으로 분류할 수 있으며, 후두긴장성에 따라 평음과 경음으로 분류할 수 있다.

〈조음 방법에 따른 분류〉

① 폐쇄음 – 공기가 폐에서 올라와 구강 내에서 차단되고, 지속 상태를 유지하다가 방출(plosive)한다. 폐로부터 올라온 공기를 잠깐 막았다가 터뜨리면서 내는 소리로 'ㄱ, ㄲ, ㅋ, ㄷ, ㄸ, ㄷ, ㅂ, ㅃ, ㅍ' 등이 여기에 속한다.

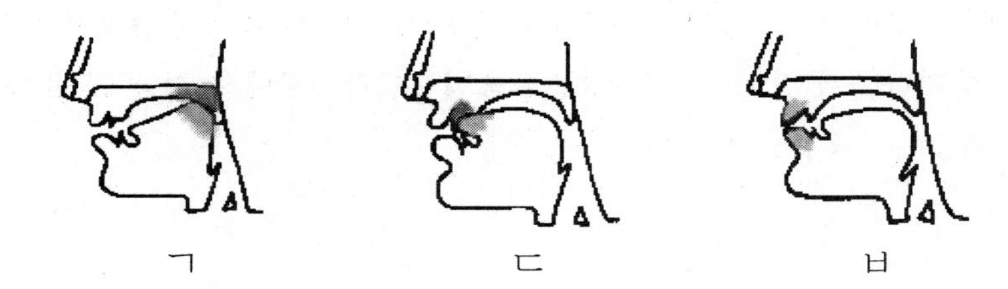

② 파찰음 – 공기가 폐로부터 올라와서 공기가 구강 내에서 차단되고 지속 상태를 거쳐 마지막에 마찰되면서 나는 소리로 ㅈ, ㅉ, ㅊ 등이 있다.

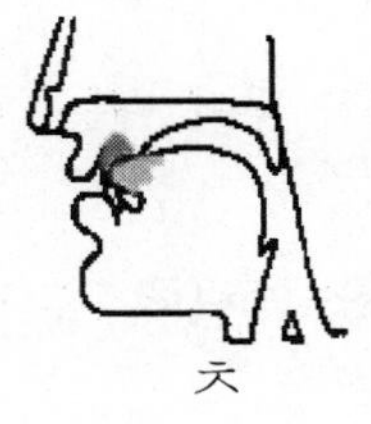

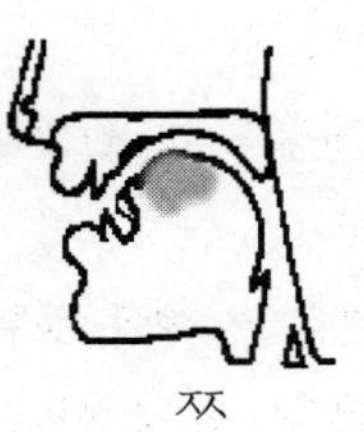

③ 마찰음 – 공기가 구강 내에서 부분적으로 간섭을 받으며, 구강 내 좁아진 어느 부분을 통과하면서 마찰을 일으켜 나는 소리로 ㅅ, ㅆ, ㅎ 등이 있다.

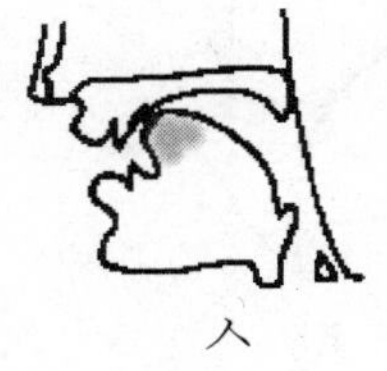

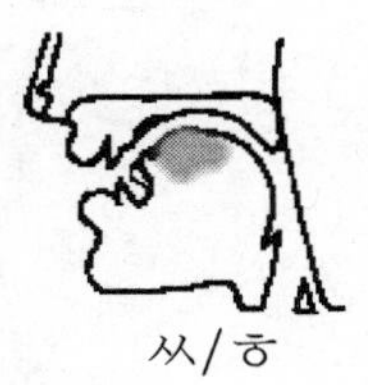

④ 비음 – 폐로부터 올라온 공기가 연구개를 낮춰 코로 나가도록 하면서 내는 소리로 ㅁ, ㅇ, ㄴ 등이 있다.

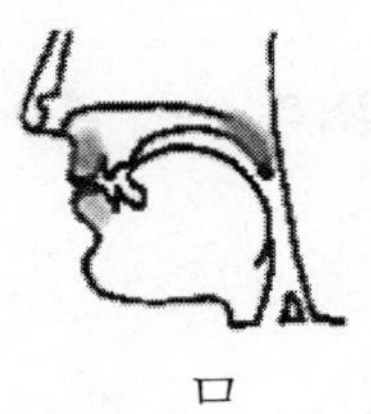

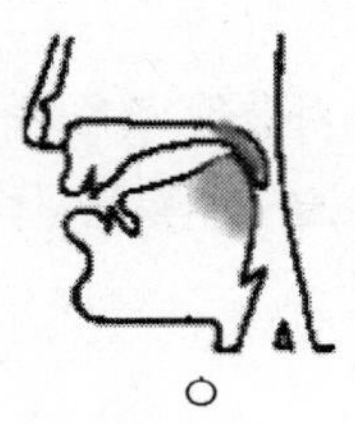

⑤ 유음 – 방출되는 공기가 혓몸 양 옆으로 빠져나오면서 내는 소리인 설측음 ㄹ[l]과 혀끝으로 윗잇몸을 가볍게 쳐서 내는 소리인 탄설음 ㄹ[r] 등을 말한다.

〈조음 위치에 따른 분류〉

① 양순음 - 두 입술에서 나는 소리로 ㅂ, ㅃ, ㅍ, ㅁ

② 치조음 - 혀끝과 윗잇몸 사이에서 나는 소리로 ㄴ, ㄷ, ㅅ, ㄹ, ㅌ, ㄸ, ㅆ

③ 경구개음 - 입천장의 딱딱한 부분에 혀가 닿아 나는 소리로 ㅈ, ㅉ, ㅊ

④ 연구개음 - 혀의 뒷부분과 연구개에서 나는 소리로 ㄱ, ㄲ, ㅋ, ㅇ

⑤ 성문음 - 목청 사이에서 나는 소리로 ㅎ

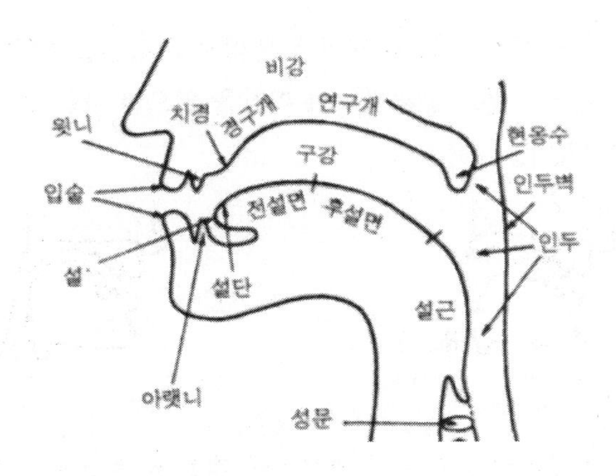

〈발음 기관 단면도〉

한국어 자음을 조음 위치, 조음 방법, 기식음의 유무, 후두긴장성 등의 기준으로 분류하면 다음의 표와 같다.

조음방법 \ 조음위치		양순음	치(조)음	경구개음	연구개음	성문음
폐쇄음	여린소리	ㅂ	ㄷ		ㄱ	
	거센소리	ㅍ	ㅌ		ㅋ	
	된소리	ㅃ	ㄸ		ㄲ	
파찰음	여린소리			ㅈ		
	거센소리			ㅊ		
	된소리			ㅉ		
마찰음	여린소리		ㅅ			ㅎ
	된소리		ㅆ			
비음		ㅁ	ㄴ		ㅇ	
유음			ㄹ			

〈한국어의 자음체계〉

◎ 한국어의 모음 체계

모음(母音)은 성대의 진동을 받은 소리가 목, 입, 코를 거쳐 나오면서, 그 통로가 좁아지거나 완전히 막히거나 하는 따위의 장애를 받지 않고 나는 소리이다. 'ㅏ, ㅑ, ㅓ, ㅕ, ㅗ, ㅛ, ㅜ, ㅠ, ㅡ, ㅣ' 따위가 있다. 모음은 자음과는 달리 정확히 어떤 조음체(調音體)와 어떤 조음점(調音點)의 작용으로 발음된다는 식으로 기술하기가 어렵다. 그 때문에 모음은 흔히 어떤 모음을 낼 때의 혀의 모양을 관찰하여 그 혀의 가장 높은 점을 잡아 그것으로써 모음의 발음 위치로 삼는 방식을 취한다. 모음의 음가는 주로 혀의 위치 여하에 따라 달라지는 입 안의 모양에 따라 결정되므로 이를 그 모음을 낼 때의 혀의 가장 높은 점으로 파악하려는 것이다. 물론 입안의 모양은 입술의 모양에 의해서도 영향을 받으며 따라서 모음의 성격을 파악할 때는 입술의 모양도 고려한다.

〈혀의 위치에 따른 분류〉

소리가 혀의 앞 부분 위치에서 나면 전설 모음, 뒷 부분이면 후설모음이 된다.

① 전설모음(front vowel): [i ,e, ø, æ]　[ㅣ, ㅔ, ㅚ, ㅐ ㅟ]

② 후설모음(back vowel): [ɨ, ə, a, u, o]　[ㅡ, ㅓ, ㅏ, ㅜ, ㅗ]

〈혀의 높낮이에 따른 분류〉

혀의 높이에 따라 혀의 높이가 높은 순으로 고모음, 중모음, 저모음으로 나뉜다. 또한 혀의 높이가 낮아질수록 입을 벌리는 정도인 개구도가 커지는데, 혀의 높이가 가장 높은 경우는 입을 벌리는 정도 즉, 개구도가 작아진다.

① 고모음(high vowel): [i, ɨ, u]　[ㅣ, ㅡ, ㅜ ㅟ]

② 중모음(middle vowel): [e, ø, ə, o]　[ㅔ, ㅚ, ㅓ, ㅗ]

③ 저모음(low vowel): [æ, a]　[ㅐ, ㅏ]

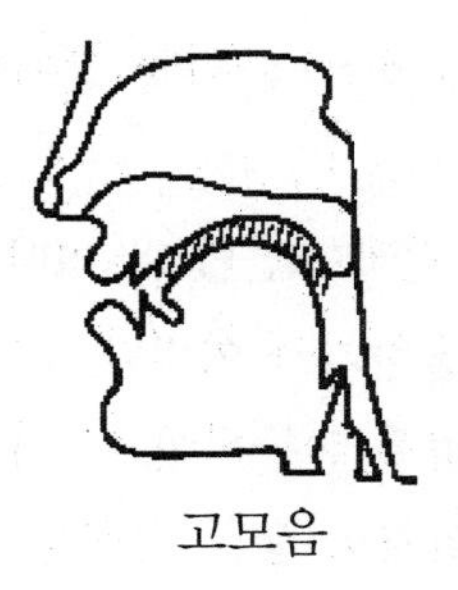
고모음

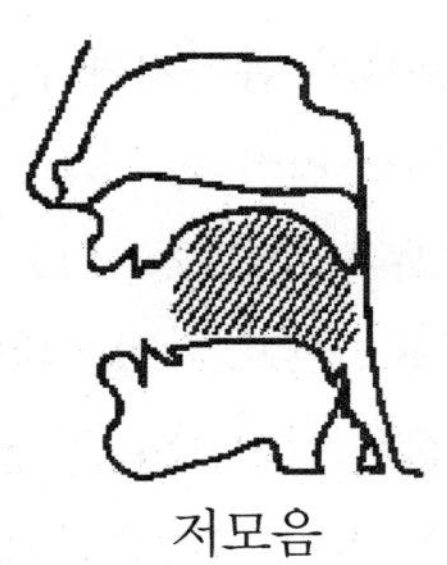
저모음

〈입술 모양에 따른 분류〉

발음할 때 입술의 모양이 동그라면 원순, 옆으로 평평한 모양이면 평순모음이 된다.

① 원순모음: 발음 시 입술이 동그랗게 오므려지는 모음으로 ㅗ, ㅜ,

ㅚ, ㅟ 등이 있다.

② 평순모음: 발음 시 입술이 평평하게 되는 모음으로 ㅡ, ㅣ, ㅏ, ㅓ, ㅐ, ㅔ 등이 있다.

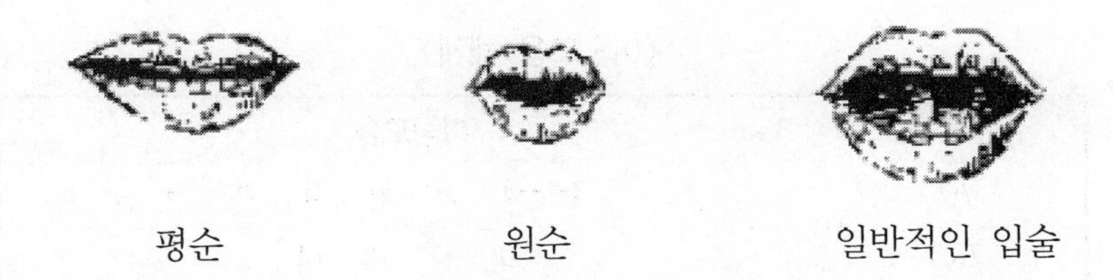

평순　　　원순　　　일반적인 입술

한국어의 단모음을 '혀의 위치', '혀의 높낮이', '입술 모양' 등으로 분류하면 다음 표와 같다.

	front(전설)		back(후설)	
	평 순	원 순	평 순	원 순
고모음	ㅣ	ㅟ	ㅡ	ㅜ
반고모음	ㅔ	ㅚ	ㅓ	ㅗ
반저모음	ㅐ		ㅏ	

〈한국어의 단모음 체계〉

◎ 이중모음

이중모음은 입술의 모양이나 혀의 위치가 발음의 시작에서부터 끝날 때까지 일정하지 않고 서로 달라지면서 소리나는 모음으로 'ㅑ', 'ㅒ', 'ㅕ', 'ㅖ', 'ㅘ', 'ㅙ', 'ㅛ', 'ㅝ', 'ㅞ', 'ㅠ', 'ㅢ' 등이 있다. 이중모음에는 한 음절(音節) 속에서 핵심으로 기능하는 음절주음(音節主音)과 음절부음(音節副音)이 있는데, 음절주음 앞에 음절부음이 있는 '상향이중모음'과 음절부음이 음절주음에 뒤서는 '하향이중모음'이 있다.

반모음 /i/와 /w/ 음절부음으로 음절주음에 앞서는 상향이중모음으로는 'ㅑ, ㅕ, ㅛ, ㅠ ,ㅒ, ㅖ, ㅘ, ㅝ, ㅞ, ㅙ'가 있으며, 음절부음이 음절주음에 뒤서는 하향이중모음 'ㅢ'가 있다.

이중모음의 체계는 다음 표와 같다.

〈이중모음 체계〉

반모음	이중모음
/j/	ㅑ, ㅕ, ㅛ, ㅠ ,ㅒ, ㅖ
/w/	ㅘ, ㅝ, ㅞ, ㅙ
기타	ㅢ

이중모음과 어문규정

이중모음과 관련된 어문규정은 한글맞춤법은 8항과 9항 그리고 표준발음법 5항이 있다.

한글맞춤법

제8항 '계, 례, 몌, 폐, 혜'의 'ㅖ'는 'ㅔ'로 소리나는 경우가 있더라도 'ㅖ'로 적는다(ㄱ을 취하고, ㄴ을 버림).

ㄱ	ㄴ	ㄱ	ㄴ
계수(桂樹)	게수	혜택(惠澤)	헤택
사례(謝禮)	사레	계집	게집

다만, 다음 말은 본음대로 적는다.

게송(偈頌), 게시판(揭示板), 휴게실(休憩室)

제9항 '의'나, 자음을 첫소리로 가지고 있는 음절의 'ㅢ'는 'ㅣ'로 소리나는 경우가 있더라도 'ㅢ'로 적는다(ㄱ을 취하고 ㄴ을 버림)

ㄱ	ㄴ	ㄱ	ㄴ
의의(意義)	의이	닁큼	닝큼
무늬[紋]	무니	씌어	씨어

널리리　　　　늴리리　　　　유희(遊戲)　　　　유히

표준발음법

제5항 'ㅑ ㅒ ㅕ ㅖ ㅘ ㅙ ㅛ ㅝ ㅞ ㅠ ㅢ'는 이중 모음으로 발음한다.

다만 1. 용언의 활용형에 나타나는 '져, 쪄, 쳐'는 [저, 쩌, 처]로 발음한다.
가지어→가져[가저], 찌어→[쩌], 다치어→다쳐[다처]

다만 2. '예, 례' 이외의 'ㅖ'는 [ㅔ]로도 발음한다.
계집[계:집/게:집], 　　　　계시다[계:시다/게:시다]
시계[시계/시게](時計), 　　　　연계[연계/연게](連繫)

다만 3. 자음을 첫소리로 가지고 있는 음절의 'ㅢ'는 [ㅣ]로 발음한다.
늴리리, 닁큼, 무늬, 띄어쓰기, 씌어, 틔어, 희어, 희떱다, 희망, 유희

다만 4. 단어의 첫음절 이외의 '의'는 [ㅣ]로, 조사 '의'는 [ㅔ]로 발음함도 허용한다.
주의[주의/주이], 협의[혀븨/혀비], 우리의[우리의/우리에], 강의의[강:의의/강:이에]

〈보충설명〉

이중모음과 관련하여, 한글맞춤법 제8항은 현실 발음과 표기 사이에 나타나는 문제에 대한 것으로 발음이 실제 표기와 다소 거리가 있지만, 그 표기가 사람들이 문자 생활하는 데 더 익숙하고 효율적이라 판단되는 경우 그 표기를 선택하도록 한 것이다. 다만 偈, 揭, 憩 등이 모두 '게'로 읽고 현실 발음도 '게'이기 때문에 본음대로 적도록 한 것이다.

제9항은 이중모음 'ㅢ'의 표기와 관련한 것으로 하향이중모음인 이중모음 'ㅢ'는 놓이는 환경에 따라서 그 소리가 다르게 나타나는데, 'ㅢ'

는 초성에 자음이 없이 단어의 첫머리에서 발음될 때 온전하게 실현이 되며, 자음의 다음에 올 경우에는 [ㅣ], 조사나 2음절 이하에서는 [ㅔ] 혹은 [ㅣ]로 소리가 난다. 즉, 이중모음 'ㅢ'가 자음의 다음에 오는 경우 [ㅣ]로 소리가 나지만, 그 소리와는 별개로 어법에 맞는 'ㅢ'로 표기해야 함을 규정하고 있는 것이다.

이중모음의 발음과 관련하여, 표준발음법 5항에서는 이중모음은 그대로 발음하는 것을 표준발음으로 정하고 있으나 'ㅈ, ㅊ, ㅉ' 등 경구개음 뒤 'ㅕ'는 단모음 'ㅓ'로 발음하도록 규정하고 있으며, 하향이중모음 'ㅢ'는 표준발음을 'ㅢ'로 규정하고 있으나 자음을 첫소리로 갖는 경우 'ㅣ', 단어의 첫음절 외에는 'ㅣ', 조사로 쓰이면 'ㅔ'로도 발음하는 것도 허용하고 있다.

◎ 음절

음절(syllable)은 하나의 종합된 음으로 한번에 발음할 수 있는 최소의 단위이다. 모음은 단독으로 한 음절을 이룰 수 있는 [성절성]의 자질이 있다. 따라서 음절의 수는 모음의 수와 일치하며 모음을 중심으로 앞뒤로 자음이 위치하여 음절을 이룬다.

한국어의 음절구조는 총 4개로 분류할 수 있다.

① 모음 단독(V구조): 아, 어, 오, 우, 으, 이 등
② 자음+모음 구조(CV구조): 가, 나, 다, 라, 마 등
③ 모음+자음 구조(VC구조): 악, 안, 알, 압 등
④ 자음+모음+자음 구조(CVC구조): 각, 난, 맘, 밥 등

음절의 끝소리 규칙

음절의 끝소리 규칙은 음절말(音節末)에서 음절의 끝자음 발음이 'ㄱ, ㄴ, ㄷ, ㄹ, ㅁ, ㅂ, ㅇ' 중 하나로 나는 현상으로 '받침규칙, 말음법칙'이라도고 한다. 음절말에서 폐쇄음, 파찰음, 마찰음 등 무성음 계

열의 장애음은 닫아주는 성질이 있는 불파음인 'ㄱ, ㄷ, ㅂ' 중 하나로 중화되어 발음된다. 이에 비해 유성음 계열의 자음은 'ㄴ, ㄹ, ㅁ, ㅇ' 등으로 발음된다.

음절의 끝소리 위치에서 나타나는 끝소리 규칙은 다음과 같이 정리할 수 있다.

〈음절의 끝소리 규칙〉

ㄲ, ㅋ, ㄳ, ㄺ → ㄱ

ㄵ, ㄶ → ㄴ

ㅅ, ㅆ, ㅈ, ㅊ, ㅌ, ㅎ → ㄷ

ㄼ, ㄽ, ㄾ, ㅀ → ㄹ

ㄻ → ㅁ

ㅍ, ㄿ, ㅄ → ㅂ

ㅇ → ㅇ

제4장 받침의 발음

제8항 받침소리로는 'ㄱ, ㄴ, ㄷ, ㄹ, ㅁ, ㅂ, ㅇ'의 7개 자음만 발음한다.

음절의 끝소리 규칙과 관계된 것은 표준발음법 제4장 받침의 발음에서 규정하고 있다. 한국어는 음절 구조 제약에 따라 음절을 구성하여 발음할 때 종성에 올 수 있는 자음은 1개이다. 이때 종성에 올 수 있는 자음은 'ㄱ, ㄴ, ㄷ, ㄹ, ㅁ, ㅂ, ㅇ' 등인데 이 7개의 자음 이외에는 종성 즉, 받침 소리로 쓸 수 없다.

◎ 평폐쇄음화

한국어의 음절말 위치에서 'ㄲ, ㅋ', 'ㅅ, ㅆ, ㅈ, ㅊ, ㅌ', 'ㅍ' 등은 불파화 되어 평음이자 폐쇄음 계열의 ㄱ, ㄷ, ㅂ 등으로 바뀌어 발음되는데, 이를 평폐쇄음화라 한다.

평폐쇄음화는 한국어의 음절 구조 제약 가운데 종성에 관한 제약에 의해 나타난다. 자음 19개 가운데 음절말에 올 수 있는 자음은 총 7개이고, 이 가운데 폐쇄음, 파찰음, 마찰음에 해당하는 음들이 음절말에 놓이게 되면 평음이자 폐쇄음 계열의 ㄱ, ㄷ, ㅂ 등으로 바뀌어 발음되는 현상이 나타나는데, 이를 평폐쇄음화라 부르는 것이다. 평폐쇄음화는 보통 조음 위치는 변하지 않고 조음 방법이 바뀌는 것이 일반적이다.

평폐쇄음화는 다음과 같이 표준발음법 9항에서 규정하고 있다.

> **제9항 받침 'ㄲ, ㅋ', 'ㅅ, ㅆ, ㅈ, ㅊ, ㅌ', 'ㅍ'은 어말 또는 자음 앞에서 각각 대표음 [ㄱ, ㄷ, ㅂ]으로 발음한다.**
>
> 닦다[닥따], 키읔[키윽], 키읔과[키윽꽈], 옷[옫], 웃다[욷:따], 있다[읻따], 젖[젇], 빚다[빋따], 꽃[꼳], 쫓다[쫃따], 솥[솓], 뱉다[밷:따], 앞[압], 덮다[덥따]

◎ 탈락(자음군단순화)

한국어의 음절말 위치에서 자음과 관련하여 나타나는 발음 현상 가운데 하나가 자음군단순화이다. 자음군단순화는 두 개의 자음이 받침으로 쓰일 때 즉, 겹받침이 음절말에 놓이게 되는 경우 하나의 자음만 발음되는 현상으로 나머지 하나의 자음은 탈락하게 되는 것이다.

〈자음군단순화의 예〉

ㄳ: 몫→[목], 넋도→[넉또]

ㄵ, ㄶ: 앉고→[안꼬], 않네→[안네]

ㄻ: 삶지→[삼찌]

ㄼ: 여덟→[여덜], 넓고→[널꼬], 밟고→[밥꼬]

ㄳ, ㄾ, ㅀ: 외곬→[외골], 핥고→[할꼬], 앓네→알네→[알레]

ㄿ: 읊고→[읍꼬]

ㅄ: 값→[갑], 없고→[업꼬]

ㄺ: 맑고→[말꼬], 맑거나→[말꺼나], 맑지→[막찌], 맑다→[막따]

겹자음 중에 'ㄳ, ㄼ, ㄳ, ㅄ'은 앞 자음이 남고 뒤 자음이 탈락하며, 'ㄺ'은 뒤 자음이 남고 앞 자음이 탈락한다. 또한, 'ㄵ, ㄶ, ㄾ, ㅀ, ㅄ'은 앞 자음이 남고 뒤 자음이 탈락하며, 'ㄶ, ㅀ'은 뒤 자음이 축약되어 나타나지 않는다. 'ㄻ, ㄿ'은 'ㄹ'만 남기도 하며, 'ㄺ'은 뒤에 오는 자음이 'ㄱ'이면 'ㄹ'이 남고 이외의 자음이면 'ㄱ'이 남는다. 'ㄼ'은 주로 'ㄹ'이 남으나, '밟-'은 뒤에 자음이 오게 되면 'ㅂ'이 남는다.

자음군단순화 현상은 표준발음법 10항, 11항에 규정하고 있다.

제10항 겹받침 'ㄳ', 'ㄵ', 'ㄼ, ㄽ, ㄾ', 'ㅄ'은 어말 또는 자음 앞에서 각각 [ㄱ, ㄴ, ㄹ, ㅂ]으로 발음한다.

넋[넉], 넋과[넉꽈], 앉다[안따], 여덟[여덜], 넓다[널따], 외곬[외골], 핥다[할따], 값[갑]

다만, '밟-'은 자음 앞에서 [밥]으로 발음하고, '넓-'은 다음과 같은 경우에 [넙]으로 발음한다.

(1) 밟다[밥:따], 밟소[밥:쏘], 밟지[밥:찌], 밟는[밥:는→밤:는], 밟게[밥:께], 밟고[밥:꼬]

(2) 넓-죽하다[넙쭈카다], 넓-둥글다[넙뚱글다]

제11항 겹받침 'ㄺ, ㄻ, ㄿ'은 어말 또는 자음 앞에서 각각 [ㄱ, ㅁ, ㅂ]으로 발음한다.

닭[닥], 흙과[흑꽈], 맑다[막따], 늙지[늑찌], 삶[삼:], 젊다[점:따], 읊고[읍꼬], 읊다[읍따]

다만, 용언의 어간 발음 'ㄺ'은 'ㄱ' 앞에서 [ㄹ]로 발음한다.
맑게[말께], 묽고[물꼬], 얽거나[얼꺼나]

제3절 'ㄷ' 소리 받침

제7항 'ㄷ' 소리로 나는 받침 중에서 'ㄷ'으로 적을 근거가 없는 것은 'ㅅ'으로 적는다.

덧저고리, 돗자리, 엇셈, 웃어른, 핫옷, 무릇, 사뭇, 얼핏, 자칫하면, 뭇[衆], 옛, 첫, 헛

제7항에서 'ㄷ' 소리로 나는 받침이라 하면, 음절말 위치에서 'ㄷ'을 대표음으로 하는 'ㅅ, ㅆ, ㅈ, ㅊ, ㅌ' 등을 말한다. 'ㅅ, ㅆ, ㅈ, ㅊ, ㅌ' 등은 뒤에 모음으로 시작하는 형식형태소가 오면 뒤 음절의 첫소리로 연음이 되어 발음되지만, 음절의 말음 혹은 자음으로 시작하는 말과 결합하게 되면 모두 [ㄷ]으로 바뀌어 소리가 난다.

'ㄷ'으로 적을 근거가 없다는 것은 '풋-고추, 덧-셈, 자칫' 등과 같이 처음부터 그 단어들이 'ㄷ' 받침을 갖지 않은 것을 뜻하는데, 이와는 다르게 '사흗-날, 숟-가락' 등은 'ㄹ'이 'ㄷ'으로 바뀌었다는 것으로 설명할 수 있다. 또한 '곧-장, 낟-가리' 등은 원래부터 'ㄷ'을 받침으로 갖고 있던 것으로 설명이 가능하다.

◎ 경음(된소리)과 경음화

한국어 자음 19개 가운데 [후두긴장성] 자질의 유무에 따라 구분할 수 있는 자음은 평음과 경음(된소리)이다. 경음은 성대가 긴장되어서

발음이 되는 자음으로 'ㄲ, ㄸ, ㅃ, ㅆ, ㅉ' 등이 있다.

경음이 아닌 음이 경음으로 바뀌어 발음되는 현상을 경음화(된소리되기) 현상이라고 하는데, 앞 음절 끝소리가 불파음으로 된 다음에 뒤 음절 첫소리 평음이 경음으로 바뀌는 것이 일반적인 경음화 현상이다.

한글맞춤법은 제5항과 13항은 이 경음을 표기에 반영하는 것과 관련이 있다.

제5항 한 단어 안에서 뚜렷한 까닭 없이 나는 된소리는 다음 음절의 첫소리를 된소리로 적는다.

1. 두 모음 사이에서 나는 된소리
소쩍새, 어깨, 오빠, 으뜸, 아끼다, 기쁘다, 깨끗하다, 어떠하다, 해쓱하다, 거꾸로, 부썩, 어찌, 이따금

2. 'ㄴ, ㄹ, ㅁ, ㅇ' 받침 뒤에서 나는 된소리
산뜻하다, 잔뜩, 살짝, 훨씬, 담뿍, 움찔, 몽땅, 엉뚱하다

다만, 'ㄱ, ㅂ' 받침 뒤에서 나는 된소리는, 같은 음절이나 비슷한 음절이 겹쳐 나는 경우가 아니면 된소리로 적지 아니한다.
국수, 깍두기, 딱지, 색시, 싹둑(~싹둑), 법석, 갑자기, 몹시

제13항 한 단어 안에서 같은 음절이나 비슷한 음절이 겹쳐 나는 부분은 같은 글자로 적는다(ㄱ을 취하고 ㄴ을 버림).

ㄱ	ㄴ	ㄱ	ㄴ
딱딱	딱닥	꼿꼿하다	꼿곳하다
쌕쌕	쌕색	놀놀하다	놀롤하다
연연불망(戀戀不忘)	연련불망	쌉쌀하다	쌉살하다
유유상종(類類相從)	유류상종	씁쓸하다	씁슬하다
누누이(屢屢-)	누루이	짭짤하다	짭잘하다

일반적으로 경음화 현상은 한글맞춤법 제5항 다만의 경우처럼 평폐쇄음 뒤에 평음이 와서 경음화 현상이 일어날 수 있는 조건이라면 굳이 표기에 반영하지 않아도 된다. 그러나 5항 1의 두음 사이, 2의 'ㄴ, ㄹ, ㅁ, ㅇ' 받침 뒤는 통상적으로 경음화 현상이 일어날 조건이 아님에도 경음화가 일어나는 경우 그것을 표기에 반영하여 적도록 한 규정이다.

다음은 경음화 현상의 발음과 관련하여 표준발음법의 규정이다.

제23항 받침 'ㄱ(ㄲ, ㅋ, ㄳ, ㄺ), ㄷ(ㅅ, ㅆ, ㅈ, ㅊ, ㅌ), ㅂ(ㅍ, ㄼ, ㄿ, ㅄ)' 뒤에 연결되는 'ㄱ, ㄷ, ㅂ, ㅅ, ㅈ'은 된소리로 발음한다.

국밥[국빱], 넋받이[넉빠지], 삯돈[삭똔], 닭장[닥짱], 옷고름[옫꼬름], 있던[읻떤], 꽂고[꼳꼬], 꽃다발[꼳따발], 낯설다[낟썰다], 밭갈이[받까리], 곱돌[곱똘], 덮개[덥깨], 옆집[엽찝], 넓죽하다[넙쭈카다], 읊조리다[읍쪼리다], 값지다[갑찌다]

제24항 어간 받침 'ㄴ(ㄵ), ㅁ(ㄻ)' 뒤에 결합되는 어미의 첫소리 'ㄱ, ㄷ, ㅅ, ㅈ'은 된소리로 발음한다.

신고[신:꼬], 껴안다[껴안따], 앉고[안꼬], 얹다[언따], 삼고[삼:꼬], 더듬지[더듬찌], 닮고[담:꼬], 젊지[점:찌]

다만, 피동, 사동의 접미사 '-기-'는 된소리로 발음하지 않는다.
안기다[안기다], 감기다[감기다], 굶기다[굼기다], 옮기다[옴기다]

제25항 어간 받침 'ㄼ, ㄾ' 뒤에 결합되는 어미의 첫소리 'ㄱ, ㄷ, ㅅ, ㅈ'은 된소리로 발음한다.

넓게[널께], 핥다[할따], 훑소[훌쏘], 떫지[떨찌]

제26항 한자어에서, 'ㄹ' 받침 뒤에 결합되는 'ㄷ, ㅅ, ㅈ'은 된소리로 발음한다.

갈등[갈뜽], 발동[발똥], 절도[절또], 말살[말쌀], 불소(弗素)[불쏘], 일시[일씨], 갈증[갈쯩], 물질[물찔], 발전[발쩐], 몰상식[몰쌍식], 불세출[불쎄출]

다만, 같은 한자가 겹쳐진 단어의 경우에는 된소리로 발음하지 않는다.
허허실실[허허실실](虛虛實實), 절절-하다[절절하다](切切-)

제27항 관형사형 '-(으)ㄹ' 뒤에 연결되는 'ㄱ, ㄷ, ㅂ, ㅅ, ㅈ'은 된소리로 발음한다.

할 것을[할꺼슬], 갈 데가[갈떼가], 할 바를[할빠를], 할 수는[할쑤는], 할 적에[할쩌게], 갈 곳[갈꼳], 할 도리[할또리], 만날 사람[만날싸람]

다만, 끊어서 말할 적에는 예사소리로 발음한다.
[붙임] '-(으)ㄹ'로 시작되는 어미의 경우에도 이에 준한다.
할걸[할껄], 할밖에[할빠께], 할세라[할쎄라], 할수록[할쑤록], 할지라도[할찌라도], 할지언정[할찌언정], 할진대[할찐대]

경음(된소리)화 현상이 일어나는 조건은 크게 두 가지로 구분할 수 있다.

첫째로 음절말의 평폐쇄음 뒤에서 나타나는 경우가 있고, 둘째로는 비음 뒤에서 나타나는 경우가 있다.

음절말의 평폐쇄음 뒤에서 나타나는 경음화 현상은 ㅂ, ㄷ, ㄱ 뒤에서 평음인 ㅂ, ㄷ, ㄱ, ㅅ, ㅈ이 경음으로 바뀌는 것으로 한국어에서 예외 없이 적용되는 현상이다. 평폐쇄음 뒤에 나타나는 경음화 현상은 음소 배열 제약과 관련이 있다.

둘째, 비음 뒤에 나타나는 경음화 현상은 비음 ㅁ, ㄴ 뒤에서 ㄱ,

ㅈ, ㅅ 등이 경음으로 바뀌는 현상이다. 비음 경음화 현상은 비음 ㅁ, ㄴ이 용언의 어간 말음이어야 한다는 것이 전제된다.

이 두 가지 경우 외에 한자어 내부의 'ㄹ' 뒤와 관형형어미 뒤에서 경음화가 나타난다. 그런데 관형형 어미 '-(으)ㄹ' 뒤에서 나타는 경음화는 연이어 발음하느냐 혹은 휴지를 두고 발음하느냐에 따라 선택적으로 나타난다.

한 걸음 더

사잇소리 현상은 두 개 어근이 결합하여 합성명사가 될 때 어근 사이에 덧생기는 소리를 사잇소리라 하고 이렇게 하나의 소리가 덧생기는 현상을 사잇소리 현상이라고 한다.

사잇소리 현상은 세 가지로 분류해 볼 수 있다.

첫째, 앞 어근의 끝소리가 'ㄴ, ㄹ, ㅁ, ㅇ' 등 유성자음이고, 뒤 어근의 첫소리가 'ㄱ, ㄷ, ㅂ, ㅅ, ㅈ' 등 무성평음일 때 뒤 어근의 첫소리 무성평음이 된소리 즉, 경음 'ㄲ, ㄸ, ㅃ, ㅉ, ㅆ' 등으로 변화한다.

둘째, 앞 어근이 모음으로 끝나고 뒤 어근이 'ㅁ, ㄴ'으로 시작하면 앞 어근의 음절말에 'ㄴ'이 덧나게 된다.

셋째, 뒤 어근의 첫소리가 모음 'ㅣ' 혹은 반모음 'ㅣ'로 시작되면 앞 어근의 끝, 뒤 어근의 첫소리에 각각 'ㄴㄴ'이 덧나게 된다.

사잇소리 현상과 관련한 발음은 표준발음법 28항과 30항에서 규정하고 있다.

제28항 표기상으로는 사잇시옷이 없더라도, 관형격 기능을 지니는 사이시옷이 있어야 할(휴지가 성립되는) 합성어의 경우에는, 뒤 단어의 첫소리 'ㄱ, ㄷ, ㅂ, ㅅ, ㅈ'을 된소리로 발음한다.

문-고리[문꼬리], 눈-동자[눈똥자], 신-바람[신빠람], 산-새[산쌔], 손-재주[손째주]

강-가[강까], 초승-달[초승딸], 등-불[등뿔], 창-살[창쌀], 강-줄기[강쭐기]

제30항 사이시옷이 붙은 단어는 다음과 같이 발음한다.

1. 'ㄱ, ㄷ, ㅂ, ㅅ, ㅈ'으로 시작하는 단어 앞에 사이시옷이 올 때는 이들 자음만을 된소리로 발음하는 것을 원칙으로 하되, 사이시옷을 [ㄷ]으로 발음하는 것도 허용한다.

냇가[내:까/낻:까], 콧등[코뜽/콛뜽], 깃살[기빨/긷빨], 대팻밥[대:패빱/대:팯빱], 햇살[해쌀/핻쌀], 고갯짓[고개찓/고갣찓]

2. 사이시옷 뒤에 'ㄴ, ㅁ'이 결합되는 경우에는 [ㄴ]으로 발음한다.

콧날[콛날→콘날], 아랫니[아랟니→아랜니], 툇마루[퇻:마루→퇸:마루], 뱃머리[밷머리→밴머리]

3. 사이시옷 뒤에 '이' 소리가 결합되는 경우에는 [ㄴㄴ]으로 발음한다.

베갯잇[베갣닏→베갠닏], 깻잎[깯닙→깬닙], 나뭇잎[나묻닙→나문닙], 도리깻열[도리깯녈→도리깬녈], 뒷윷[뒫:뉻→뒨:뉻]

◎ 구개음화

현대 국어에서 구개음은 크게 경구개음과 연구개음으로 분류할 수 있다. 경구개음화는 경구개음이 아닌 음이 '이'나 'y' 앞에서 경구개음 'ㄷ, ㅌ' 등으로 바뀌는 현상이고, 연구개음화는 뒤에 오는 연구개음의 영향을 받아 앞에 있는 'ㄴ, ㅁ'가 'ㅇ'으로, 또 'ㄷ, ㅂ'가 'ㄱ'으로 바뀌는 현상이다.

구개음화는 조음 위치가 같거나 비슷해지는 것이기 때문에 조음 위치 동화라 할 수 있는데, 한글맞춤법 6항은 경구개음화 현상과 관련하여 음운 변동이 발음에서 일어난다고 하더라도 그 표기에서는 원래의 형태를 유지하여 적도록 한 규정이다. 즉, 어근 뒤에 접사가 결합하는 종속적 관계에서 어근 끝소리가 ㄷ이나 ㅌ이고, 뒤에 '-이' 혹은 '-히'

등의 접사가 와서 경구개음화 현상이 나타난다고 하더라도 어근과 접사 각각의 모양을 밝혀서 적어야 함을 규정한 것이다.

제6항 'ㄷ, ㅌ' 받침 뒤에 종속적 관계를 가진 '-이(-)'나 '-히-'가 올 적에는 그 'ㄷ, ㅌ'이 'ㅈ, ㅊ'으로 소리나더라도 'ㄷ, ㅌ'으로 적는다(ㄱ을 취하고, ㄴ을 버림)

ㄱ	ㄴ	ㄱ	ㄴ
맏이	마지	핥이다	할치다
해돋이	해도지	걷히다	거치다
굳이	구지	닫히다	다치다

경구개음화 현상은 그 발음과 관련하여 표준 발음법에서 규정하고 있다.

제17항 받침 'ㄷ, ㅌ(ㄾ)'이 조사나 접미사의 모음 'ㅣ'와 결합되는 경우에는, [ㅈ, ㅊ]으로 바꾸어서 뒤 음절 첫소리로 옮겨 발음한다.

곧이듣다[고지듣따], 굳이[구지], 미닫이[미다지], 땀받이[땀바지], 밭이[바치], 벼훑이[벼훌치]

[붙임] 'ㄷ' 뒤에 접미사 '히'가 결합되어 '티'를 이루는 것은 [치]로 발음한다.
굳히다[구치다], 닫히다[다치다], 묻히다[무치다]

구개음화 중에 경구개음화는 음운의 변동 현상 조건에 놓이게 되면 언제든지 바뀌는 필수적 음운 현상이지만 연구개음화는 음운 변동 현상이 일어날 수도 있고, 일어나지 않을 수도 있다. 따라서 표준발음법

21항에서 연구개음화는 표준 발음이 아닌 것으로 규정하고 있다.

제21항 위에서 지적한 이외의 자음 동화는 인정하지 않는다.

감기[감:기](×[강:기]), 옷감[옫깜](×[옥깜]), 있고[읻꼬] (×[익꼬]) 꽃길[꼳낄](×[꼭낄]), 젖먹이[전머기](×점머기]), 문법[문뻡](×[뭄뻡]), 꽃밭[꼳빧](×[꼽빧])

표준발음법 21항에서는 연구개음화 이외에도 양순음이 아닌 것들이 양순음인 'ㅂ, ㅁ' 등으로 바뀌는 양순음화 역시도 표준 발음이 아닌 것을 규정하고 있다.

◎ 두음법칙

어두에 특정한 음이 올 수 없는 제약 현상 중 대표적인 것으로 두음법칙이 있다. 두음법칙은 일부의 소리가 단어의 첫 음에서 발음되는 것을 꺼려 다른 음으로 발음되는 것인데, 'ㅣ, ㅑ, ㅕ, ㅛ, ㅠ' 앞에서는 'ㄹ'과 'ㄴ'이 떨어져 나가게 되고, 'ㅏ, ㅓ, ㅗ, ㅜ, ㅡ, ㅐ, ㅔ, ㅚ' 등의 앞에서 'ㄹ'은 'ㄴ'으로 바뀌는 변화가 나타나는 것 등을 말한다.

이를 정리해 보면,

첫째, '여자〉녀자'와 같이 [ㄴ]가 음절의 첫소리에 나타나지 못하는 것은 떨어뜨리고 발음하며 동시에 표기는 'ㅇ'으로 한다.

둘째, '양심〉량심'과 같이 유음 [ㄹ]도 어두에서는 잘 나타나지 않기 때문에 떨어뜨리고 발음하며 표기 역시 'ㅇ'으로 한다.

셋째, '낙원〉락원'과 같이 유음 [ㄹ]을 [ㄴ]으로 바꾸어 발음하고 표기한다.

이외에도 영어처럼 'strike', 'spring' 등 어두에 자음군(子音群) 이 올 수 없는 것도 일종의 두음법칙이라 하겠다.

한글맞춤법 10항, 11항, 12항은 이 두음법칙에 의해 표기하는 것을 규정하고 있다.

제10항 한자음 '녀, 뇨, 뉴, 니'가 단어 첫머리에 올 적에는 두음 법칙에 따라 '여, 요, 유, 이'로 적는다(ㄱ을 취하고 ㄴ을 버림).

ㄱ	ㄴ	ㄱ	ㄴ
여자(女子)	녀자	유대(紐帶)	뉴대
연세(年歲)	년세	이토(泥土)	니토

다만, 다음과 같은 의존 명사에서는 '냐, 녀' 음을 인정한다.
냥(兩), 냥쭝(兩-), 년(年)(몇 년)

[붙임 1] 단어의 첫머리 이외의 경우에는 본음대로 적는다.
남녀(男女), 당뇨(糖尿), 결뉴(結紐), 은닉(隱匿)

[붙임 2] 접두사처럼 쓰이는 한자가 붙어서 된 말이나 합성어에서, 뒷말의 첫소리가 'ㄴ'소리로 나더라도 두음 법칙에 따라 적는다.
신여성(新女性), 공염불(空念佛), 남존여비(男尊女卑)

[붙임 3] 둘 이상의 단어로 이루어진 고유 명사를 붙여 쓰는 경우에도 [붙임 2]에 준하여 적는다.
한국여자대학 대한요소비료회사

제11항 한자음 '랴, 려, 례, 료, 류, 리'가 단어의 첫머리에 올 적에는 두음 법칙에 따라 '야, 여, 예, 요, 유, 이'로 적는다(ㄱ을 취하고 ㄴ을 버림).

ㄱ	ㄴ	ㄱ	ㄴ
양심(良心)	량심	용궁(龍宮)	룡궁
역사(歷史)	력사	유행(流行)	류행

다만, 다음과 같은 의존 명사는 본음대로 적는다.
리(里) : 몇 리냐? / 리(理) : 그럴 리가 없다.

[붙임 1] 단어의 첫머리 이외의 경우에는 본음대로 적는다.
개량(改良), 선량(善良), 수력(水力), 협력(協力)

다만, 모음이나 'ㄴ' 받침 뒤에 이어지는 '렬', '률'은 '열', '율'로 적는다(ㄱ을 취하고 ㄴ을 버림).

ㄱ	ㄴ	ㄱ	ㄴ
나열(羅列)	나렬	분열(分裂)	분렬
실패율(失敗率)	실패률	백분율(百分率)	백분률

[붙임 2] 외자로 된 이름을 성에 붙여 쓸 경우에도 본음대로 적을 수 있다.
신립(申砬), 최린(崔麟), 채륜(蔡倫), 하륜(河崙)

[붙임 3] 준말에서 본음으로 소리나는 것은 본음대로 적는다.
국련(국제연합), 대한교련(대한교육연합회)

[붙임 4] 접두사처럼 쓰이는 한자가 붙어서 된 말이나 합성어에서 뒷말의 첫소리가 'ㄴ' 또는 'ㄹ' 소리가 나더라도 두음 법칙에 따라 적는다.
역이용(逆利用), 연이율(年利率), 열역학(熱力學), 해외여행(海外旅行)

[붙임 5] 둘 이상의 단어로 이루어진 고유 명사를 붙여 쓰는 경우나 십진법에 따라 쓰는 수(數)도 붙임 4에 준하여 적는다.
서울여관, 신흥이발관, 육천육백육십육(六千六白六十六)

제12항 한자음 '라, 래, 로, 뢰, 루, 르'가 단어의 첫머리에 올 적에는 두음법칙에 따라 '나, 내, 노, 뇌, 누, 느'로 적는다(ㄱ을 취하고 ㄴ을 버림).

ㄱ　　　　　ㄴ
낙원(樂園)　　락원
내일(來日)　　래일

[붙임 1] 단어의 첫머리 이외의 경우는 본음대로 적는다.
쾌락(快樂), 극락(極樂), 거래(去來), 왕래(往來), 부로(父老), 연로(年老), 지뢰(地雷), 낙뢰(落雷), 고루(高樓), 광한루(廣寒樓), 동구릉(東九陵), 가정란(家庭欄)

[붙임 2] 접두사처럼 쓰이는 한자가 붙어서 된 단어는 뒷말을 두음 법칙에 따라 적는다.
내내월(來來月), 상노인(上老人), 중노동(重勞動), 비논리적(非論理的)

두음법칙은 단어의 첫 음과 관련하여 발음하기 쉽게 바꾸는 것이기 때문에 첫 음이 아닌 경우에는 원래의 음대로 발음하고 표기하도록 한글맞춤법에서도 본 규정 바로 다음으로 이를 규정하고 있다.

또한 한글맞춤법 10항, 11항에서 의존 명사를 본래의 음대로 발음하고 표기하는 것을 규정하고 있는데, 의존 명사는 본디 문장에 쓰일 경우 그것을 꾸며주는 말과 함께 나타나서 단어의 첫 음이라 취급되지 않기 때문이다.

이외에도 한글맞춤법 12항과 관련하여 '릉(陵)'이나 '란(欄)' 등은 한 음절로 된 한자어 형태소로 다른 한자어들과 결합할 때는 통상적으로 하나의 단어로 인식되지 않기 때문에 두음법칙이 적용되지 않고 본음대로 적는 것이며, '란(欄)'의 경우 '어린이-난', '가십(gossip)-난' 등과 같이 고유어나 외래어 뒤에 결합하는 경우는 두음법칙을 적용하여 적는다.

한 걸음 더

접사(接辭)는 단어의 주변부를 형성하는 의존형태소를 말하며, 그 분포에 따라 접두사와 접미사로 나눈다. 접두사(接頭辭, prefix)는 어근

의 앞에 붙어서 어근에 새로운 의미를 덧붙여 주는 접사를 말하며, 접미사(接尾辭, suffix)는 어근의 뒤에 붙어서 어근에 새로운 의미를 첨가하거나, 어근의 문법적 기능을 나타내거나, 품사를 전성하는 기능이다.

접사는 기능에 따라서 굴절접사(屈折接辭, inflectional affix)와 파생접사(派生接辭, derivational affix)로 나뉜다. 굴절접사는 한 단어의 굴절을 담당하는 접사를 말하고, '-고, -어서, -으니' 등이 있으며, 국어의 굴절접사는 모두 접미사에 속한다. 파생접사는 어근에 결합하여 새로운 단어를 만들어 내는 접사를 말하고, '군말의 군-, 풋사랑의 풋-, 일꾼의 -꾼, 사람들의 -들, 자유롭다의 -롭-, 여자답다의 -답-, 높이다의 -이-' 등이 여기에 해당된다.

◎ 비음화

비음화는 비음 앞에서 구강 장애음이 비음으로 바뀌는 현상 즉, 음절말의 평폐쇄음 'ㅂ, ㄷ, ㄱ'이 뒤 음절의 첫소리인 비음 'ㅁ, ㄴ'과 만나게 되어 각각 'ㅁ, ㄴ, ㅇ'으로 변화하는 것을 말한다.

표준발음법 제18항과 19항은 이 비음화 현상과 관련한 규정이다.

> 제18항 받침 'ㄱ(ㄲ, ㅋ, ㄳ, ㄺ), ㄷ(ㅅ, ㅆ, ㅈ, ㅊ, ㅌ, ㅎ), ㅂ(ㅍ, ㄼ, ㄿ, ㅄ)'은 'ㄴ, ㅁ' 앞에서 [ㅇ, ㄴ, ㅁ]으로 발음한다.
>
> 먹는[멍는], 깎는[깡는], 키읔만[키응만], 긁는[긍는], 흙만[흥만], 닫는[단는], 짓는[진:는], 있는[인는], 맞는[만는], 놓는[논는], 잡는[잠는], 밥물[밤물], 앞마당[암마당], 읊는[음는]
>
> [붙임] 두 단어를 이어서 한 마디로 발음하는 경우에도 이와 같다.
> 책 넣는다[챙넌는다], 흙 말리다[흥말리다], 옷 맞추다[온마추다], 값 매기다[감매기다]

제19항 받침 'ㅁ, ㅇ' 뒤에 연결되는 'ㄹ'은 [ㄴ]으로 발음한다.

담력[담:녁], 침략[침냑], 강릉[강능], 항로[항:노], 대통령[대:통녕]

[붙임] 받침 'ㄱ, ㅂ' 뒤에 연결되는 'ㄹ'도 [ㄴ]으로 발음한다.
막론[막논→망논], 백리[백니→뱅니], 협력[협녁→혐녁], 십리[십니→심니]

비음화는 동화 방향에 따라서 순행동화와 역행동화, 상호동화 등으로 구분할 수 있는데, 이러한 규칙은 다음과 같다.

〈동화 방향에 따른 비음화〉

① 역행적 비음화: 'ㅂ, ㄷ, ㄱ'이 비음 'ㅁ, ㅇ' 앞에서 각각 'ㅁ, ㄴ, ㅇ'이 된다.
   예 'ㅂ' → 'ㅁ' : 밥물[밤물], 앞날[암날]
   'ㄷ' → 'ㄴ' : 맏며느리[만며느리], 받는다[반는다], 밭머리[반머리]
   'ㄱ' → 'ㅇ' : 국물[궁물], 속는다[송는다]

② 순행적 비음화: 비음 'ㄴ, ㅇ'과 'ㄹ'이 만나면 'ㄹ'이 비음 'ㄴ'으로 바뀐다.
   예 남루[남누], 종로[종노]

③ 상호적 비음화: 'ㅂ, ㄷ, ㄱ'과 'ㄹ'이 만나면 'ㄹ'이 'ㄴ'이 되고 이렇게 된 'ㄴ'을 닮아서 그 앞의 'ㅂ, ㄷ, ㄱ'이 각각 비음 'ㅁ, ㄴ, ㅇ'이 된다.
   예 섭리[섭니-섬니], 몇 리[멷리-멷니-면니]

◎ 유음화

유음화는 'ㄴ'이 유음 'ㄹ'의 앞이나 뒤에서 'ㄹ'로 변하는 현상이다.

표준발음법 20항은 이 유음화와 관련한 발음을 다루고 있는데, 표준 발음으로 규정하고 있다.

> 제20항 'ㄴ'은 'ㄹ'의 앞이나 뒤에서 [ㄹ]로 발음한다.
>
> (1) 난로[날:로], 신라[실라], 천리[철리], 광한루[광:할루], 대관령 [대:괄령]
> (2) 칼날[칼랄], 물난리[물랄리], 줄넘기[줄럼끼], 할는지[할른지]
>
> [붙임] 첫소리 'ㄴ'이 'ㅀ', 'ㄾ'뒤에 연결되는 경우에도 이에 준한다.
> 닳는[달른], 뚫는[뚤른], 핥네[할레]
>
> 다만, 다음과 같은 단어들은 'ㄹ'을 [ㄴ]으로 발음한다.
> 의견란[의:견난], 임진란[임:진난], 생산량[생산냥], 결단력[결딴녁], 공권력[공꿘녁], 동원령[동:원녕], 이원론[이원논], 입원료[이붠뇨]

동화의 방향에 따라서 순행적 유음화와 역행적 유음화로 구분할 수 있다.

〈동화 방향에 따른 유음화〉

① 순행적 유음화: 'ㄹ'의 뒤에 'ㄴ'이 오면 'ㄴ'이 'ㄹ'로 변화하는데, 이는 음소 배열 제약과 관련이 있다.
  예 별+님 → [별림], 물+난리 → [물랄리]

② 역행적 유음화: 'ㄹ'의 앞에 'ㄴ'이 오면 'ㄴ'이 'ㄹ'로 변화하는데, 이는 음절 배열 제약과 관련이 있다.
  예 신+라 → [실라], 천 +리 → [철리]

한 걸음 더

'동화(同化)'는 한 소리의 소릿값이 놓이는 환경에 따라 발음하기 어렵거나 발음할 수 없을 때 서로 맞닿아 있는 두 음 사이에서 조음 위치나 조음 방법 등이 서로 닮아가는 현상을 말한다. 이때 동화를 야기하는 것을 동화주라 하고 동화가 되는 소리를 피동화주라 한다.

동화는 비슷해지는 정도에 따라 완전동화와 부분동화, 동화의 방향에 따라 순행동화와 역행동화, 피동화음의 종류에 따라 자음동화와 모음동화 등으로 구분된다.

자음동화는 비음화, 유음화 등이 있으며, 모음동화는 전설모음화, 원순모음화 등이 있다. 또 음절말이 후행하는 음절 초성의 조음 위치를 닮아가는 구개음화도 동화에 속한다.

이 가운데 전설모음화는 후설 모음이 전설모음으로 변화하는 현상으로, 후설 모음이 전설적 위치에서 발음되는 치경 자음이나 전설 모음인 'ㅣ' 모음에 이끌려 전설 모음으로 발음되는 현상이다. 또한 원순모음화는 순음인 'ㅁ, ㅂ, ㅍ' 아래에 'ㅡ'가 오면 원순모음인 'ㅜ'로 변하는 현상이다. 전설모음화와 원순모음화는 수의적 음운 현상이기 때문에 표준발음에서는 다루지 않고 있다.

◎ 모음조화

모음조화는 다음절어 안에서 일정한 자질을 공유하는 규칙 즉, 두 음절 이상의 단어에서 선·후행 모음 간에서 선행모음의 영향으로 후행 모음이 같거나 비슷해지는 현상이다. 예를 들면 'ㅏ, ㅗ, ㅑ, ㅛ, ㅘ, ㅚ, ㅐ' 등 어감이 따듯하고 밝고 산뜻한 양성 모음은 양성 모음끼리, 'ㅓ, ㅜ, ㅕ, ㅠ, ㅔ, ㅝ, ㅟ, ㅖ' 등 어둡고 차갑고 무거운 음성 모음(音聲母音)은 음성 모음끼리 어울리는 현상이 그것이다.

모음조화 현상과 관련한 표기는 한글맞춤법 16항에서 규정하고 있다.

제16항 어간의 끝음절 모음이 'ㅏ, ㅗ'일 때에는 어미를 '-아'로 적고, 그 밖의 모음일 때에는 '-어'로 적는다.

1. '-아'로 적는 경우
   나아　나아도　나아서
   막아　막아도　막아서
   보아　보아도　보아서

2. '-어'로 적는 경우
   개어　개어도　개어서
   베어　베어도　베어서
   쉬어　쉬어도　쉬어서
   피어　피어도　피어서
   희어　희어도　희어서

모음조화는 역사적으로 15세기에는 잘 지켜졌으나 '·'의 변천 과정과 더불어 차차 약화되면서 현대국어에서는 동사나 형용사의 어간과 어미, 의성어, 의태어 등에서만 지켜지고 있다.

한 걸음 더

시간의 흐름에 따른 언어 변화를 수용하고 사용 언어의 표준화를 위한 작업의 결과 표준어 사정 원칙을 정하여 표준어를 선정하게 된다. 모음조화 현상과 관계있는 표준어 사정 원칙은 표준어규정 8항에서 다루고 있는데 양성모음이 음성모음으로 바뀌어 굳어진 단어는 음성모음 형태를 표준어로 삼는다고 규정하고 있다. 그 결과 '깡충깡충, 막둥이, 보퉁이, 오뚝이' 등이 모음조화가 반드시 지켜지는 않는 형태들이지만 표준어에 속한 예들이라 하겠다.

◎ 축약

축약은 두 개의 음운이 만나 한 개의 음운으로 줄어드는 현상을 말하는데, 자음 축약과 모음 축약이 대표적이다.

자음 축약은 기식음 'ㅎ'과 관련이 있는데, 자음 'ㅂ, ㄷ, ㄱ, ㅈ' 등과 'ㅎ'이 만나서 'ㅋ, ㅌ, ㅍ, ㅊ' 등의 한 음으로 줄어드는 현상이다.

〈자음 축약〉

㉨ 좋-+-고 → [조코] / 많-+-고 → [만:코], 싫-+-다 → [실타]

자음 'ㅎ'과 관련이 있는 자음 축약은 표준발음법 12항에서 다루고 있다.

> 제12항 받침 'ㅎ'의 발음은 다음과 같다.
>
> 1. 'ㅎ(ㄶ, ㅀ)' 뒤에 'ㄱ, ㄷ, ㅈ'이 결합되는 경우에는, 뒤 음절 첫소리와 합쳐서 [ㅋ, ㅌ, ㅊ]으로 발음한다.
>
> 놓고[노코], 좋던[조:턴], 쌓지[싸치], 많고[만:코], 않던[안턴], 닳지[달치]
>
> [붙임 1] 받침 'ㄱ(ㄺ), ㄷ, ㅂ(ㄼ), ㅈ(ㄵ)'이 뒤 음절 첫소리 'ㅎ'과 결합되는 경우에도, 역시 두 소리를 합쳐서 [ㅋ, ㅌ, ㅍ, ㅊ]으로 발음한다.
>
> 먹히다[머키다], 밝히다[발키다], 넓히다[널피다], 꽂히다[꼬치다], 앉히다[안치다]
>
> [붙임 2] 규정에 따라 'ㄷ'으로 발음되는 'ㅅ, ㅈ, ㅊ, ㅌ'의 경우에는 이에 준한다.
>
> 옷 한 벌[오탄벌], 낮 한때[나탄때], 꽃 한 송이[꼬탄송이], 숱하다[수타다]

한 걸음 더

성문마찰음인 'ㅎ'은 'ㄱ, ㄷ, ㅈ' 등과 만나게 되면 축약이 되어서 유기음 'ㅋ, ㅌ, ㅊ'으로 변화하게 된다. 이러한 성질 이외에도 치조마찰음인 'ㅅ'과 만나면 경음 'ㅆ'으로 바뀌게 되고, 유성음과 유성음 사이에 놓이게 되면 그 음가를 잃으며, 치조비음 'ㄴ'과 만나게 되면 비음 'ㄴ'으로 변하게 된다. 이를 규칙을 정리하면 다음과 같다.

〈받침 'ㅎ'의 발음〉

① ㅎ + ㄱ, ㄷ, ㅈ → ㅋ, ㅌ, ㅊ ㉄ 놓고[노코], 좋던[조턴], 쌓지[싸치]

② ㅎ + ㅅ → ㅆ ㉄ 닿소[다쏘], 많소[만:쏘]

③ ㅎ + ㄴ → ㄴ+ㄴ ㉄ 놓는[논는], 쌓네[싼네]

④ ㅎ + 모음어미 → zero ㉄ 낳은[나은], 놓아[노아]

'ㅎ'의 축약과 관련된 것외에 'ㅎ'의 성질은 표준발음법 12항 2~4에 규정하고 있다.

2. 'ㅎ(ㄶ, ㅀ)' 뒤에 'ㅅ'이 결합되는 경우에는, 'ㅅ'을 [ㅆ]으로 발음한다.
   닿소 [다쏘], 많소[만:쏘], 싫소[실쏘]

3. 'ㅎ' 뒤에 'ㄴ'이 결합되는 경우에는, [ㄴ]으로 발음한다.
   놓는[논는], 쌓네[싼네]

[붙임] 'ㄶ, ㅀ'뒤에 'ㄴ'이 결합되는 경우에는, 'ㅎ'을 발음하지 않는다.
   않네[안네], 않는[안는], 뚫네[뚤네→뚤레], 뚫는[뚤는→뚤른]

* '뚫네[뚤네→뚤레] 뚫는[뚤는→뚤른]'에 대해서는 제20항 참조.

4. ‘ㅎ(ㄶ, ㅀ)’ 뒤에 모음으로 시작된 어미나 접미사가 결합되는 경우에는, ‘ㅎ’을 발음하지 않는다.
낳은[나은], 놓아[노아], 쌓이다[싸이다], 많아[마:나], 않은[아는], 싫어도[시러도]

성문마찰음인 ‘ㅎ’은 표기와 관련하여 ‘ㅎ’의 앞에 모음이나 공명자음이 오면 ‘ㅎ’이 축약된 형태를 반영하여 표기하고, ‘ㅎ’ 앞에 장애음(평폐쇄음)이 오면 ‘ㅎ’이 축약된 유기음화를 표기에 반영하지 않는다. 이와 관련한 것은 한글맞춤법 40항에 규정하고 있다. 특이한 것은 어원적으로 용언의 활용형이지만 부사로 전성된 경우 불변화사인 부사를 활용의 형태와 연관시킬 필요가 없기 때문에 소리나는 형태 그대로 적도록 규정하고 있다.

제40항 어간의 끝음절 ‘하’의 ‘ㅏ’가 줄고 ‘ㅎ’이 다음 음절의 첫소리와 어울려 거센소리로 될 적에는 거센소리로 적는다.

(본말)	(준말)
간편하게	간편케
연구하도록	연구토록
정결하다	정결타

[붙임 1] ‘ㅎ’이 어간의 끝소리로 굳어진 것은 받침으로 적는다.

그렇다	그렇고	그렇지	그렇든지
아무렇다	아무렇고	아무렇지	아무렇든지
어떻다	어떻고	어떻지	어떻든지

[붙임 2] 어간의 끝음절 ‘하’가 아주 줄 적에는 준 대로 적는다.

(본말)	(준말)
거북하지	거북지
깨끗하지 않다	깨끗지 않다
섭섭하지 않다	섭섭지 않다

[붙임 3] 다음과 같은 부사는 소리대로 적는다.
결단코, 결코, 기필코, 무심코, 하여튼, 요컨대, 정녕코, 필연코, 하마터면, 한사코

모음 축약은 선·후행 모음이 만나 하나의 모음 즉, 한 음절로 줄어드는 것인데, 선·후행 모음이 만나서 서로의 영향으로 두 모음의 중간음으로 바뀌는 '간음화'와 두 모음이 서로 만나 이중모음으로 되는 '이중모음화'가 있다. '이중모음화'에서는 두 개의 단모음 중 하나는 반모음으로 바뀌게 된다.

〈모음 축약〉

㉄ 간음화: ㅜ+ㅣ → ㅟ, ㅏ+ㅣ → ㅐ, ㅗ+ㅣ → ㅚ, ㅚ+ㅣ → ㅙ
이중모음화: 보아서 → 봐서[봐:서], 피었고 → 폈고[펻:꼬], 주어라 → 줘라[줘:라], 쓰이어서 → 쓰여서[쓰여서]

제35항 모음 'ㅗ, ㅜ'로 끝난 어간에 '-아/-어, -았-/-었-'이 어울려 'ㅘ/ㅝ, ㅘㅆ/ㅝㅆ'으로 될 때에는 준 대로 적는다.

(본말)	(준말)	(본말)	(준말)
보아	봐	보았다	봤다
두어	둬	두었다	뒀다
주어	줘	주었다	줬다

[붙임 1] '놓아'가 '놔'로 줄 적에는 준 대로 적는다.

[붙임 2] 'ㅚ' 뒤에 '-어, -었-'이 어울려 'ㅙ, ㅙㅆ'으로 될 적에도 준 대로 적는다.

(본말)	(준말)	(본말)	(준말)
되어	돼	되었다	됐다

제36항 'ㅣ' 뒤에 '-어'가 와서 'ㅕ'로 줄 적에는 준 대로 적는다.

(본말)	(준말)	(본말)	(준말)
가지어	가져	가지었다	가졌다
견디어	견뎌	견디었다	견뎠다
버티어	버텨	버티었다	버텼다

제37항 'ㅏ, ㅕ, ㅗ, ㅜ, ㅡ'로 끝난 어간에 '-이-'가 와서 각각 'ㅐ, ㅖ, ㅚ, ㅟ, ㅢ'로 줄 적에는 준 대로 적는다.

(본말)	(준말)
보이다	뵈다
뜨이다	띄다
쓰이다	씌다

제38항 'ㅏ, ㅗ, ㅜ, ㅡ' 뒤에 '-이어'가 어울려 줄어질 적에는 준 대로 적는다.

(본말)	(준말)
싸이어	쌔어/싸여
보이어	뵈어/보여
뜨이어	띄어

용언의 어간과 뒤에 모음으로 시작하는 어미 혹은 접미사 '-이'가 만나게 되면 두 개의 모음이 만나는 환경에 이른다. 한 언어에서 가장

이상적인 음소의 연쇄는 '자음+모음+자음+모음…'인데, 이렇게 모음이 연쇄해서 나오게 되면 자연스러운 음소 연쇄가 아니기 때문에 모음 충돌 현상이 나타나게 된다. 즉 부자연스러운 음소 연쇄를 회피하기 위해서 두 모음이 하나로 축약되는 간음화 혹은 이중모음화 현상의 결과가 나타나는 것이다. 모음 축약과 관련한 한글맞춤법 항들은 모음과 모음이 만나서 하나의 모음으로 축약된 것을 규정한 것인데, 이것이 바로 모음 충돌 회피 현상이라 할 수 있다.

◎ **탈락**

탈락은 선·후행 형태소에서 두 개의 음이 만날 때 그 중 하나의 음이 사라져 소리가 나지 않는 현상으로 자음 탈락과 모음 탈락이 있다. 자음 탈락은 'ㄹ, ㅅ, ㅎ' 등의 탈락이 있으며, 모음 탈락은 동모음탈락, 'ㅡ, ㅜ, ㅓ' 등의 탈락이 있다.

〈자음 탈락〉

① **ㄹ 탈락**: 'ㄹ' 받침을 갖고 있는 용언의 어간이 'ㄴ, ㄷ, ㅈ, ㅅ' 등 [전방성]이 있는 음 앞에서 'ㄹ'이 탈락하는 현상.

② **ㅅ 탈락**: 'ㅅ' 받침을 갖는 어간 뒤에 '-아/-어'로 시작하는 어미가 결합하여 'ㅅ'이 탈락하는 현상.

③ **ㅎ 탈락**: 'ㅎ'이 유성음과 유성음 사이에서 그 음가를 잃고 탈락하는 현상.

〈모음 탈락〉

① **동모음 탈락**: 어간 모음 '-아/-어' 뒤에서 '-아/-어, -았/-었' 등의 어미 모음이 탈락하는 현상.

② **ㅡ 탈락**: 어간 뒤에 결합하는 어미 '-아/-어'의 앞에서 'ㅡ'가 탈락하는 현상.

③ **우 탈락**: 어간 뒤에 결합하는 어미 '-아/-어'의 앞에서 'ㅡ'가 탈락하는 현상.
④ **어 탈락**: 어간 모음 '-애/-어'의 뒤에서 어미의 모음 'ㅓ'가 탈락하는 현상.

한글맞춤법 28항은 'ㄹ' 탈락과 관련한 표기 규칙을 규정하고 있다.

> **제28항 끝소리가 'ㄹ'인 말과 딴 말이 어울릴 적에 'ㄹ' 소리가 나지 아니하는 것은 아니 나는 대로 적는다.**
>
> 다달이(달-달-이), 따님(딸-님), 마되(말-되), 마소(말-소), 무자위(물-자위), 바느질(바늘-질), 부나비(불-나비), 부삽(불-삽), 부손(불-손), 소나무(솔-나무), 싸전(쌀-전), 여닫이(열-닫이), 우짖다(울-짖다), 화살(활-살)

'ㄹ'은 'ㄴ, ㄷ, ㅈ, ㅅ' 등 [전방성] 자질의 음 앞에서는 탈락하는 특성이 있는데, 제28항은 이러한 'ㄹ'의 성격을 표기에 반영한 것이라 할 수 있다. 제28항의 예를 규칙으로 살펴보면, 합성어나 파생어 조건에서는 'ㄴ, ㄷ, ㅈ, ㅅ' 앞에서 'ㄹ'이 탈락하며, 한자어 'ㄷ, ㅈ' 앞에서 'ㄹ'이 탈락하는 것을 알 수 있다.

〈참고〉

끝소리 'ㄹ'과 관련하여 한글맞춤법 29항은 'ㄹ' 받침이 있는 말이 다른 말과 결합할 때, 'ㄹ'이 'ㄷ'으로 소리 나면 'ㄷ'으로 적는다는 규정이다.

예를 들면, '이튿날'의 경우 '이틀+날'인데, 'ㄹ'이 'ㄷ'으로 변화한 것을 통시적으로 설명할 수 없다. 오히려 '이틄날'을 15세기 표기에서 찾아볼 수 있는데, 여기서 'ㄹ'이 'ㅅ'에 의해 탈락된 형태인 '이틋날'로도 표기된 것을 찾을 수 있다. 이는 'ㄹ'이 'ㅅ' 앞에서 탈락한 것으로 설명할 수 있는데, 이것이 현재의 '이튿날'이 된 것이다. 종래에 'ㄷ'으로 표기해 오던 것을 그대로 적도록 한 규정이라 할 수 있다.

다음은 한글맞춤법 29항 규정이다.

> *제29항 끝소리가 'ㄹ'인 말과 딴 말이 어울릴 적에 'ㄹ' 소리가 'ㄷ' 소리로 나는 것은 'ㄷ'으로 적는다.*
>
> *반짇고리(바느질~), 사흗날(사흘~), 삼짇날(삼질~), 섣달(설~), 숟가락(술~), 이튿날(이틀~), 잗주름(잘~), 섣부르다(설~), 잗다듬다(잘~), 잗다랗다(잘~)*

ㄴ 첨가

원래 없던 음이 첨가되는 현상으로 삽입이라고도 한다. 한국어에 첨가는 'ㄴ' 첨가와 'ㅅ'의 첨가가 대표적이다. 이 가운데 'ㄴ'첨가는 주로 합성어가 되는 조건에서 일어나는 음운 현상으로, 합성어의 두 어근 중 선행 어근이 자음으로 끝나고 후행 어근이 'ㅣ' 혹은 반모음 /j/로 시작하게 되면 그 사이에 'ㄴ'이 첨가되는 현상이다.

ㄴ 첨가 현상은 표준발음법 29항에서 규정하고 있다.

> 제29항 합성어 및 파생어에서, 앞 단어나 접두사의 끝이 자음이고 뒤 단어나 접미사의 첫음절이 '이, 야, 여, 요, 유'인 경우에는, 'ㄴ'소리를 첨가하여 [니, 냐, 녀, 뇨, 뉴]로 발음한다.
>
> 솜-이불[솜니불], 꽃-잎[꼰닙], 남존-여비[남존녀비], 신-여성[신녀성], 색-연필[생년필], 영업-용[영엄뇽], 식용-유[시공뉴], 국민-윤리[궁민뉼리], 밤-윷[밤:뉻]
>
> 다만, 다음과 같은 말들은 'ㄴ' 소리를 첨가하여 발음하되, 표기대로

발음할 수 있다.
야금-야금[야금냐금/야그먀금], 금융[금늉/그뮹]

[붙임 1] 'ㄹ' 받침 뒤에 첨가되는 'ㄴ' 소리는 [ㄹ]로 발음한다.
들-일[들:릴], 솔-잎[솔립],물-약[물략], 서울-역[서울력], 물-엿[물렫]

[붙임 2] 두 단어를 이어서 한 마디로 발음하는 경우에는 이에 준한다.
한 일[한닐], 옷 입다[온닙따], 서른 여섯[서른녀섣], 3연대[삼년대]

다만, 다음과 같은 단어에서는 'ㄴ(ㄹ)' 소리를 첨가하여 발음하지 않는다.
6·25[유기오], 3·1절[사밀쩔], 송별연[송:벼련], 등용-문[등용문]

이처럼 'ㄴ' 첨가는 합성어나 파생어 등 복합어의 경계에서 선행어의 끝 음이 자음이고, 후행 음절의 첫소리가 'ㅣ, ㅑ, ㅕ, ㅛ, ㅠ'인 경우에는 'ㄴ'음을 첨가하여 [니, 냐, 녀, 뇨, 뉴]로 발음하는 것을 말한다.

◎ 활음 첨가

활음 첨가는 특정 모음 사이에서 활음인 /j/, /w/ 등이 첨가되는 현상으로 주로 모음으로 끝나는 용언의 어간 뒤에 '-아/-어'로 시작하는 어미가 올 때 혹은 모음을 끝 음으로 하는 체언 뒤에 조사 '-에', '-아'가 올 때 활음이 첨가된다.

〈활음 첨가 유형〉

① 활음 /j/의 첨가
  ㉮ 기어 → [기여], 먹이었다 → [머기엳따]
② 활음 /w/의 첨가
  ㉮ 미시오 → [미시요], 당기시오 → [당기시요]

활음 첨가는 표준발음법 제22항과 그 관련성이 있다.

제22항 다음과 같은 용언의 어미는 [어]로 발음함을 원칙으로 하되, [여]로 발음함도 허용한다.

피어[피어/피여], 되어[되어/되여]

[붙임] '이오, 아니오'도 이에 준하여 [이요], [아니요]로 발음함을 허용한다.

◎ 연음법칙

연음법칙은 자음으로 끝나는 음절에 모음으로 시작하는 문법형태소(형식형태소)가 올 때 앞 음절의 끝소리가 뒤 음절의 첫소리로 옮겨져 발음되는 현상이다. 즉, 음절말에 자음을 가진 형태소가 모음으로 시작하는 문법형태소와 만나서 음절말 자음이 다음 음절의 첫소리로 발음되는 것이다. 이때, 뒤에 오는 형태소가 모음으로 시작하는 어휘형태소(실질형태소)이면 음절말 평폐쇄음화 현상이 일어난 후 뒤 음절의 첫소리로 옮겨지게 된다.

〈연음법칙의 규칙〉

① 형식 형태소가 따르는 경우

㉮ 옷이 → [오시], 옷을 → [오슬], 꽃을 → [꼬츨], 밭에 → [바테]

② 실질 형태소가 따르는 경우

㉮ 옷안 → [옫안] → [오단], 옷아래 → [옫아래] → [오다래], 값없다 → [갑업따] → [가법따]

제13항 홑받침이나 쌍받침이 모음으로 시작된 조사나 어미, 접미사와 결합되는 경우에는, 제 음가대로 뒤 음절 첫소리로 옮겨 발음한다.

깎아[까까], 옷이[오시], 있어[이써], 낮이[나지], 꽂을[꼬즐], 쫓아[쪼차], 밭에[바테]

제14항 겹받침이 모음으로 시작된 조사나 어미, 접미사와 결합되는 경우에는 뒤엣것만을 뒤 음절 첫소리로 옮겨 발음한다(이 경우, 'ㅅ'은 된소리로 발음함.)

넋이[넉씨], 닭을[달글], 젊어[절머], 핥아[할타], 읊어[을퍼], 값을[갑쓸], 없어[업:써]

제15항 받침 뒤에 모음 'ㅏ, ㅓ, ㅗ, ㅜ, ㅟ' 들로 시작되는 실질 형태소가 연결되는 경우에는, 대표음으로 바꾸어서 뒤 음절 첫소리로 옮겨 발음한다.

밭 아래[바다래], 늪 앞[느밥], 젖어미[저더미], 겉옷[거돋], 헛웃음[허두슴], 꽃 위[꼬뒤]

다만, '맛있다, 멋있다'는 [마싣따], [머싣따]로도 발음할 수 있다.

[붙임] 겹받침의 경우에는 그 중 하나만을 옮겨 발음한다.
넋 없다[너겁따], 닭 앞에[다가페], 값어치[가버치], 값있는[가빈는]

한 걸음 더

연음법칙과 관련하여, 자모의 이름 몇 가지의 경우에는 그동안 써오던 종래의 발음을 인정하여 연음법칙에 의한 것이 아닌 기존 발음을

표준발음으로 규정하고 있다. 표준발음법 제16항에서 "한글 자모의 이름은 그 받침 소리를 연음하되, 'ㄷ, ㅈ, ㅊ, ㅋ, ㅌ, ㅍ, ㅎ'의 경우에는 특별히 다음과 같이 발음한다."라고 규정하면서 다음의 것들은 그 발음을 전통적으로 써오던 발음을 표준발음으로 쓰도록 하고 있다.

디귿이[디그시], 디귿을[디그슬], 디귿에[디그세]
지읒이[지으시], 지읒을[지으슬], 지읒에[지으세]
치읓이[치으시], 치읓을[치으슬], 치읓에[치으세]
키읔이[키으기], 키읔을[키으글], 키읔에[키으게]
티읕이[티으시], 티읕을[티으슬], 티읕에[티으세]
피읖이[피으비], 피읖을[피으블], 피읖에[피으베]
히읗이[히으시], 히읗을[히으슬], 히읗에[히으세]

◎ 전설모음화('ㅣ' 모음 역행 동화)

전설모음화는 전설모음 'ㅣ'나 활음 'j'의 영향으로 후설모음인 'ㅏ, ㅓ, ㅗ, ㅜ, ㅡ'가 전설모음인 'ㅐ, ㅔ, ㅚ, ㅟ, ㅣ'로 바뀌는 현상이다. 전설모음화는 필수적인 모음 동화 현상이 아니기 때문에 표준어규정에서 전설모음화 현상이 일어난 것이 표준어인 경우도 있고, 전설모음화 현상이 일어나지 않는 것이 표준어인 경우도 있다. 한편 전설모음화는 후행하는 'ㅣ' 모음으로 인해 선행하는 모음이 전설모음으로 변화하는 현상이기 때문에 역행동화에 해당하며, 전설모음화를 'ㅣ'모음 역행 동화라고도 한다.

전설모음화와 관련한 것은 표준어규정 9항에서 다루고 있다.

제9항 'ㅣ' 역행 동화 현상에 의한 발음은 원칙적으로 표준 발음으로 인정하지 아니하되, 다만 다음 단어들은 그러한 동화가 적용된 형태를 표준어로 삼는다.(ㄱ을 표준어로 삼고, ㄴ을 버림.)

ㄱ	ㄴ	비고
-내기	-나기	서울-, 시골-, 신출-, 풋-
냄비	남비	

[붙임1] 다음 단어는 'ㅣ'역행 동화가 일어나지 아니한 형태를 표준어로 삼는다(ㄱ을 표준어로 삼고, ㄴ을 버림)

ㄱ	ㄴ	비고
아지랑이	아지랭이	

[붙임 2] 기술자에게는 '-장이', 그 외에는 '-쟁이'가 붙는 형태를 표준어로 삼는다.(ㄱ을 표준어로 삼고, ㄴ을 버림.)

ㄱ	ㄴ	비고
미장이	미쟁이	
멋쟁이	멋장이	
소금쟁이	소금장이	
발목쟁이	발목장이	

3. 형태론과 어문규정

◎ 품사

품사(品詞)는 단어를 문법적 성질에 따라 분류해 놓은 집합으로 정의할 수 있는데, 이 품사를 분류하는 기준은 크게 기능(機能), 형태(形態), 의미(意味) 등으로 나눌 수 있다.

기능(function)은 단어가 문장에서 다른 단어들과 어떤 관계를 갖는가를 뜻한다. 예를 들면 '영수, 도서관, 빵' 등은 각각 어휘적 의미는 다르지만 조사와 함께 쓰여 문장에서 다른 단어들과 어우러져 주어나 목적어, 서술어 등의 기능을 하는데. 이를 기준으로 품사를 분류할 수 있다.

형태(form)은 단어 자체의 형태가 변화하는지 하지 않는지를 기준으로 단어를 구분하는 것이다.

의미(meaning)는 각각의 단어가 갖는 어휘적 의미를 뜻하는 것이 아니고 단어들이 사람이나 사물의 이름을 나타내는지, 동작 혹은 상태를 나타내는지, 다른 말과의 관계를 나타내는지 등 추상화된 공통 의미가 그 분류의 기준이 된다.

〈품사 분류의 기준〉

의미	기능	형태
명사	체언	불변어
대명사		
수사		
관형사	수식언	
부사		
감탄사	독립언	
조사	관계언	
동사	용언	가변어
형용사		

한 걸음 더

명사(이름씨)는 사람이나 사물의 이름을 나타냄. 보통명사, 고유명사, 자립명사, 의존 명사 등이 있다. 대명사(대이름씨)는 사람이나 사물의 이름을 대신 나타냄. 인칭대명사, 지시대명사가 있다. 수사(셈씨)는 사람이나 사물의 수량이나 순서를 나타냄. 양수사, 서수사가 있다.

조사(토씨)는 그 말과 다른 말과의 문법적 관계를 표시하거나 그 말의 뜻을 도와줌. 격조사, 접속조사, 보조사가 있다.

동사(움직씨)는 사람이나 사물의 동작이나 작용을 나타냄. 본동사, 보조동사, 자동사, 타동사, 불규칙동사, 규칙동사가 있다. 형용사(그림씨)는 사람이나 사물의 성질이나 상태를 나타냄. 본형용사, 보조형용사가 있다.

관형사(매김씨)는 체언 앞에 놓여 그 체언의 내용을 '어떠한'의 방식으로 제한함. 성상관형사, 지시관형사, 수관형사가 있다. 부사(어찌씨)는 용언 또는 다른 말 앞에 놓여 그 뜻을 '어떻게'의 방식으로 제한함. 성분부사(성상부사, 지시부사, 부정부사)와 문장부사(양태부사와 접속부사)가 있다.

감탄사(느낌씨)는 화자의 감정을 나타내거나 응답을 나타냄. 감정감탄사, 의지감탄사가 있다.

체언

체언은 주어, 서술어, 목적어, 보어 등 문장에서 가장 중심이 되는 기능을 하는 명사, 대명사, 수사 등을 일컫는데, 조사와 결합하여 하나의 어절을 이룬다. 이렇게 결합한 어절은 문장의 주체로 쓰이며, 문법적 관계를 나타낸다.

체언은 조사와 결합하여 다른 성분과의 문법적 기능을 나타내고 활용하지 않으며, 문장에서 중심이 되는 기능을 한다. 체언은 관형사 혹은 용언의 관형형 등의 수식을 받는다. 체언 중 명사는 수식에 대해

큰 제약이 없으나 대명사는 관형사의 수식을 받지 못하고, 수사는 관형사와 형용사의 관형형 수식에 제약이 있다.

체언과 관련한 표기 규정은 한글맞춤법 14항에서 규정하고 있다.

제14항 체언은 조사와 구별하여 적는다.

떡이	떡을	떡에	떡도	떡만
손이	손을	손에	손도	손만
꽃이	꽃을	꽃에	꽃도	꽃만
앞이	앞을	앞에	앞도	앞만
값이	값을	값에	값도	값만

체언은 문법적으로 어형변화를 하지 않는 것을 말하며, 한글맞춤법에서 체언은 주로 명사를 이른다. 체언의 뒤에는 조사가 결합하여 문장에서 주요 기능을 하는 것은 한국어 문법의 주요 특징 중에 하나인데, 제14항과 같이 체언과 조사를 각각 구별하여 적는 것은 둘 사이의 어형을 고정시켜서 가독성을 높이려는 것이다.

한 걸음 더

명사는 사람이나 사물의 이름을 나타내는 말로 조사와 결합해서 문장에서 주요 기능을 하고 관형사, 용언의 관형형 수식을 자유롭게 받으며 형태 변화를 하지 않는다.

명사는 감정성 유무에 따라 유정명사와 무정명사, 자립성에 따라 자립명사와 의존명사, 사용범위에 따라 보통명사와 고유명사 등으로 구분할 수 있다.

이 중 한글맞춤법 42항과도 관련이 있는 의존명사는 자립성은 없으나 반드시 관형어의 수식을 받아야 그 기능을 할 수 있으며, 실질적인 의미를 나타내지는 못하지만 실질적 의미를 간접적으로나마 나타내는

특징이 있다.

〈의존명사의 종류〉

① 보편성 의존명사: 관형어, 조사와의 통합에 제약이 없으며 의존성을 제외하고는 자립명사와 큰 차이가 없다.

예 것, 분, 바, 데, 따위 등

② 주어성 의존명사: 주격조사와 결합하여 주어로 기능한다.

예 수, 지, 리, 나위 등

③ 서술성 의존명사: 주로 서술격조사 '-이다'와 결합하여 서술어로 쓰인다.

예 뿐, 터, 따름 등

④ 부사성 의존명사: 부사격조사와 결합하여 주로 부사어로 쓰인다.

예 대로, 뻔, 체, 양, 듯, 만, 만큼 등

⑤ 단위성 의존명사: 분량이나 수효, 수량 등 단위를 나타낸다.

예 원, 자, 섬, 평, 그루, 켤레 등

대명사는 사람이나 사물의 명칭을 대신하는 것으로 인칭대명사와 지시대명사로 나눌 수 있다. 대명사는 기본적으로 명사는 대신하는 특성인 대용성이 있으며, 말하는 이를 기점으로 자신이나 그 주변의 것을 지시하는 상황지시성의 특성을 갖는다.

〈대명사의 종류〉

① 지시대명사

	근칭	원칭	중칭	미지칭	부정칭
지시대명사	여기	저기	거기	어디	아무데, 아무곳
처소대명사	이, 이것	저, 저것	그, 그것	무엇, 어느것	아무것

② 인칭대명사

인칭 \ 높임의 정도		아주 높임 (극존칭)	예사 높임 (보통 존칭)	예사 낮춤 (보통 비칭)	아주 낮춤 (극비칭)
제1인칭				나, 우리	저, 저희
제2인칭		당신, 어른, 어르신	당신, 임자, 그대	자네, 그대	너, 너희
제3인칭	근칭	(이 어른)	이분	이이	이애
	중칭	(그 어른)	그분	그이	그애
	원칭	(저 어른)	저분	저이	저애
	미지칭	(어느 어른)	(어느 분)	누구	
	부정칭	(아무 어른)	(아무 분)	아무	
	재귀칭	당신	자기	자기	저

수사는 명사의 수량이나 차례를 나타내는 것으로 조사와 결합해 주요 성분의 기능을 한다. 수사는 양을 나타내는 양수사와 순서를 나타내는 서수사가 있다. 양수사와 서수사는 각각 정확한 수량이나 차례를 나타내는 정수(定數)와 정확한 수량이나 차례를 나타내지는 않는 부정수(不定數)로 구분할 수 있으며, 여기에는 각각 고유어계와 한자어계 수사가 존재한다.

◎ 관계언

단어들은 문장에서 각각의 기능이 있는데, 문장에 쓰인 각 단어들의 관계를 나타내는 것을 기능상 품사 분류 개념으로 관계언이라 한다. 품사 분류의 의미상 분류 개념으로 '조사'라 부르는 관계언은 여러 가지 특성이 있다. 우선 체언의 뒤에 붙어 문법 관계를 나타내며 때로는 일정한 의미 정보를 첨가해 주기도 한다. 또한 자립성을 갖지 못하지만 자립성을 갖는 단어들과 쉽게 분리될 수 있는 성격이 있어서 단어로 인정된다.

〈조사의 종류〉

- 격조사: 선행 체언 혹은 용언의 명사형 뒤에 결합하여 문장에서 주요한 기능(주어, 서술어, 목적어, 보어 등)을 하는 것을 표시해주는 역할을 한다.
  ① 주격조사: -이/가, -께서, -에서
  ② 서술격조사: -이다
  ③ 목적격조사: -을/를
  ④ 보격조사: -이/가
  ⑤ 관형격조사: -의
  ⑥ 부사격조사: -에, -에서, -에게/에, -보다, -로(써), -로…

- 보조사: 선행 체언과 결합하여 어떤 뜻을 더해주는 역할을 한다.
  예 -은/는, -도, -만, -뿐, -까지, -조차, -마다, -(이)야, -(이)나마…

- 접속조사: 단어 혹은 문장을 대등한 자격으로 이어주는 역할을 한다.
  예 -와/과, -하고, -(이)며, -(이)랑…

◎ 용언

용언은 흔히 동사나 형용사 등을 포괄적으로 부르는 품사분류상의 상위 개념이다. 용언은 뜻을 나타내는 어휘형태소인 어간, 문법적 관계를 나타내는 문법형태소인 어미로 구성되어 있는데, 형태적으로 활용을 하여 주체나 자연물 등의 동작 및 작용, 상태 등을 서술하면서 다양한 문법적 기능을 나타낸다.

한글맞춤법 제15항에서는 용언의 표기에 관해 규정하고 있다.

제15항 용언의 어간과 어미는 구별하여 적는다.

먹다　먹고　먹어　먹으니
신다　신고　신어　신으니
좋다　좋고　좋아　좋으니
있다　있고　있어　있으니

[붙임 1] 두 개의 용언이 어울려 한 개의 용언이 될 적에, 앞말의 본뜻이 유지되고 있는 것은 그 원형을 밝히어 적고, 그 본뜻에서 멀어진 것은 밝히어 적지 아니한다.

(1) 앞말의 본뜻이 유지되고 있는 것
넘어지다, 늘어나다, 늘어지다, 돌아가다, 되짚어가다, 들어가다, 떨어지다, 벌어지다, 엎어지다, 접어들다, 틀어지다, 흩어지다

(2) 본뜻에서 멀어진 것
드러나다, 사라지다, 쓰러지다

[붙임 2] 종결형에서 사용되는 어미 '-오'는 '요'로 소리나는 경우가 있더라도 그 원형을 밝혀 '오'로 적는다(ㄱ을 취하고 ㄴ을 버림).

ㄱ	ㄴ
이것은 책이오.	이것은 책이요.

[붙임 3] 연결형에서 사용되는 '이요'는 '이요'로 적는다(ㄱ을 취하고 ㄴ을 버림).
ㄱ 이것은 책이요, 저것은 붓이요, 또 저것은 먹이다.
ㄴ 이것은 책이오, 저것은 붓이오, 또 저것은 먹이다.

용언은 어휘적인 요소에 문법적인 요소가 결합해서 문법적 기능을 나타내는 활용을 하는데, 이렇게 활용을 통해 어형변화를 하면서 시제

나 높임, 서법 등의 문법 기능을 나타낸다.

실질적인 의미를 갖고 있는 부분에 문법적인 의미를 나타내는 것을 결합할 때, 몇몇 불규칙적인 경우를 제외하고는 어간과 어미 각각 그 형태가 고정되어 결합하게 된다. 이는 체언과 조사의 결합에서와 마찬가지로 실질적인 뜻을 나타내는 부분과 문법적인 역할을 담당하는 부분을 각각 분리하여 어형을 고정해 표기함으로써 가독성을 높이고자 한 것이라 할 수 있다.

한 걸음 더

어간(語幹)

하나의 단어에서 문법적 기능이나 관계 등을 표현하기 위해 문법형태소를 붙이거나 어형을 변화시키는 것을 굴절(屈折)이라고 한다. 한국어는 주로 동사와 형용사에서 단어의 그간이 되는 부분에 문법형태소가 결합해서 문법적 기능이나 관계 등을 나타내는 활용을 한다. 여기서 활용이라는 것은 하나의 단어가 문장 내에서 다양한 문법적 기능 즉, 문법적 직능을 표시하기 위해 형태를 변화하는 것을 말하는데, 이때 활용의 과정에서 변화하지 않는 부분을 어간(語幹)이라고 한다.

어미(語尾)

단어가 활용을 할 때 어간(語幹) 부분을 제외한 나머지 부분 즉, 문법적 기능을 나타내는 어말(語末) 위치에 오는 문법형태소를 어미(語尾)라 한다. 이 어미는 동사나 형용사가 활용할 때 어간 뒤에 붙는 가변요소로써 높임, 시제, 서법, 문장 종결 및 연결, 단어의 전성 등 다양한 문법적 기능을 담당한다.

다양한 종류의 어미를 놓이는 위치에 따라 분류해 보면 어말어미(語末語尾)와 선어말어미(先語末語尾)로 나눌 수 있다. 어말어미는 활용을 할 때 가장 뒤에 오는 어미이고, 선어말어미는 어간과 어말어미 사이에

놓이는 어미이다.

〈어미의 위치〉

① 먹- + -다
　어간　어말어미

② 먹- + 　-었-　+ -다
　어간 선어말어미 어말어미

〈어미의 종류〉

- 선어말어미 : -시-, -겠-, -았-/-었-, -더-

종 류	형태	기능
시제 선어말 어미	-는/-ㄴ-	현재
	-았-/-었-	과거
	-겠-	미래(추측)
	-더-	과거(회상)
높임 선어말 어미	-(으)시-	주체 높임
	-옵-	공손

- 어말어미
  1) 종결어미
     ① 평서형어미: -다, -ㄴ다/는다, ㅂ니다, -습니다
     ② 의문형어미: -는가, -느냐, -니, -(으)ㅂ니까
     ③ 명령형어미: -아라/어라
     ④ 청유형어미: -자
     ⑤ 감탄형어미: -(는)구나, -는구려
  2) 비종결어미
     ① 연결어미 ㉠ 대등적 연결어미: -고, -며 등
     　　　　　 ㉡ 종속적 연결어미: -니, -면 등

구분	의미	종류
대등적 연결어미	나열	-고, (으)며
	상반	-으(나), -지만, -다만
종속적 연결 어미	동시	-자(마자)
	원인 이유	-아(서)/-어(서), -(으)니(까)
		-(으)므로
		-느라고
	양보	-어도, -더라도, -든지, -(으)나, -거나, -(으)ㄴ들
	목적·의도	-(으)러, -고자
		-(으)려고
	미침	-게, -도록
	필연·당위	-어야
	전환	-다가
	비유	-듯(이)
	더욱	-(으)ㄹ수록

② 전성어미 ㉠ 명사형어미: -(으)ㅁ, -기

㉡ 관형형어미: -(으)ㄴ, -는, -(으)ㄹ

㉢ 부사형어미: -아, -어, -게, -지, -고

구분	종류	기타
명사형 전성어미	-기	
	-(으)ㅁ	
관형형 전성어미	-은(동사) -던(형용사) -는(동사) -은(형용사)	과거 현재
	-던	과거(회상)
	-을	미래(추측)
부사형 전성어미	-아/-어, -게, -지, -고	

탈락 현상과 관련이 있는 표기 방법에 관해서는 한글맞춤법 18항에서 규정하고 있다.

◎ 규칙활용과 불규칙활용

용언이 어휘적 의미는 고정시키고 문법적 기능에 변화를 주기 위해 활용을 하는데, 이때 일반적으로 어간의 모양은 바뀌지 않고 어미만 변화한다. 하지만 몇몇의 동사나 형용사에서는 어간의 형태 혹은 어미의 형태가 일반적으로 원칙에서 벗어나 형태 변화를 하는 경우가 있다. 동사나 형용사에서 나타나는 어간 혹은 어미의 형태 변화는 크게 규칙 활용과 불규칙 활용으로 구분할 수 있다.

우선, 규칙 활용은 어간과 어미가 결합하는 과정에서 둘 모두 변화가 없는 활용으로 만약 형태 변화가 있어도 보편적 음운 규칙으로 설명되면서 거의 모든 동사나 형용사에 적용할 수 있는 활용 방법이다.

이에 비해 불규칙 활용은 활용할 때 어간과 어미의 형태가 달라지는 것으로, 일반적인 음운 규칙으로는 설명할 수 없으며 몇몇 특정 동사나 형용사에서만 나타나는 활용이다. 불규칙 활용의 유형은 어간이 변화하는 것, 어미가 변화하는 것, 어간과 어미 둘 모두 변화하는 것 등 크게 세 가지가 구분할 수 있다.

한글맞춤법 제18항에서는 '용언들은 어미가 바뀔 경우'라 하여 용언의 활용과 관련한 표기 규칙에 대해 규정하고 있다.

제18항 다음과 같은 용언들은 어미가 바뀔 경우, 그 어간이나 어미가 원칙에 벗어나면 벗어나는 대로 적는다.

1. 어간의 끝 'ㄹ'이 줄어질 적

갈다:	가니	간	갑니다	가시다	가오
놀다:	노니	논	놉니다	노시다	노오

[붙임] 다음과 같은 말에서도 'ㄹ'이 준 대로 적는다.
마지못하다, 마지않다, (하)다마다, (하)자마자

2. 어간의 끝 'ㅅ'이 줄어질 적
긋다: 그어 그으니 그었다
(하)지마라 (하)지 마(아)

3. 어간의 끝 'ㅎ'이 줄어질 적
그렇다: 그러니 그럴 그러면 그럽니다 그러오
하얗다: 하야니 하얄 하야면 하얍니다 하야오

4. 어간의 끝 'ㅜ, ㅡ'가 줄어질 적
푸다: 퍼 펐다
끄다: 꺼 껐다

5. 어간의 끝 'ㄷ'이 'ㄹ'로 바뀔 적
걷다[步]: 걸어 걸으니 걸었다
싣다[載]: 실어 실으니 실었다

6. 어간의 끝 'ㅂ'이 'ㅜ'로 바뀔 적
깁다: 기워 기우니 기웠다
무겁다: 무거워 무거우니 무거웠다

다만, '돕-, 곱-'과 같은 단음절 어간에 어미 '아-'가 결합되어 '와'로 소리나는 것은 '-와'로 적는다.
돕다[助]: 도와 도와서 도와도 도왔다
곱다[麗]: 고와 고와서 고와도 고왔다

7. '하다'의 어미 활용에서 어미 '-아'가 '-여'로 바뀔 적
하다: 하여 하여서 하여도 하여라 하였다

8. 어간의 끝음절 '르' 뒤에 오는 어미 '-어'가 '-러'로 바뀔 적

이르다[至]: 이르러 이르렀다
푸르다: 푸르러 푸르렀다

9. 어간의 끝음절 '르'의 'ㅡ'가 줄고, 그 위에 오는 어미 '-아/-어'가 '-라/-러'로 바뀔 적
가르다: 갈라 갈랐다
오르다: 올라 올랐다

한 걸음 더

용언의 활용에는 규칙 활용과 불규칙 활용이 있다.

규칙 활용은 어간과 어미가 결합하는 과정에서 두 모두 형태 변화가 없거나 혹은 형태 변화가 있다고 해도 보편적인 음운 현상으로 설명 가능한 것을 말한다.

㉮ 먹 -+- 어 → 먹어, 먹 + 고 → 먹고
㉮ 접어, 잡아(어미 '아/어'의 교체)
㉮ 울 -+- 는 → 우는, 울 + 오 → 우오(어간 'ㄹ' 탈락)
㉮ 쓰 -+- 어 → 써, 치르 + 어 → 치러(어간 모음 'ㅡ' 탈락)
매개 모음(발음을 쉽게 하기 위해 첨가해주는 모음) '으' 첨가
('ㄹ' 이외의 자음으로 끝난 어간) + '으' + (-ㄴ, -ㄹ, -오, -며, -시- 등의 어미)
㉮ 가 -+- ㄴ → 간, 갈 + ㄴ → 간(ㄹ탈락: 규칙적 탈락)
잡 -+- ㄴ → 잡은('으' 첨가), 먹 + ㄴ → 먹은('으' 첨가)
잡으러, 잡으며, 잡으시오, 잡으오('으' 첨가)

불규칙 활용은 어간과 어미의 결합에서 일반적인 음운 규칙으로 설명할 수 없으며, 보편적으로 모든 동사나 형용사가 아닌 특정한 몇몇의 예에서만 활용 형태가 변화하는 것을 말한다.

① 어간의 불규칙성에 의한 것

ⓐ 'ㅅ' 불규칙: 어간의 말음인 'ㅅ'이 '-어'나, '-어'로 시작되는 어미와 매개 모음 '으'를 요구하는 어미 앞에서 탈락하는 것

㉥ 잇다, 젓다, 긋다, 짓다, 낫다(勝)

ⓑ 'ㄷ' 불규칙: 어간의 말음인 'ㄷ'이 '-어'나 '-어'로 시작하는 어미와 매개 모음을 요구하는 어미 앞에서 'ㄹ'로 변하는 것

㉥ 듣다, 걷다, 일컫다, 긷다, 묻다 등

ⓒ 'ㅂ' 불규칙: 어간의 말음인 'ㅂ'이 '-어'나 '-어'로 시작하는 어미 혹은 매개 모음을 요구하는 어미 앞에서 '오/우'로 변하는 것

㉥ 굽다, 깁다, 눕다, 줍다, 덥다, 춥다 등

단, 돕다, 곱다는 '오'로 바뀌는 예외임.

ⓓ '르' 불규칙: '르'가 어간 말음으로 된 말이 '-어'나 '-어'로 시작되는 어미를 만났을 때 '르'의 '으'가 탈락되면서 'ㄹ'이 하나 덧생기는 것으로 '으'가 탈락하는 것은 '으' 탈락 현상과 같다.

ⓔ '우' 불규칙: '-어'나 '-어'로 시작되는 어미를 만났을 때, '우'가 탈락하는 것

㉥ 푸다

② 어미의 불규칙성에 의한 것

ⓐ '여' 불규칙: '-어'나 '-어'로 시작되는 어미가 '여'로 바뀌는 것

㉥ 접사 '-하다'가 붙는 파생어들

ⓑ '거라' 불규칙: 명령형 어미 '-어라'가 '-거라'로 바뀌는 것

㉥ 가다, 까다, 나다, 따다, 사다, 짜다, 차다, 들어가다, 올라가다 등

ⓒ '너라' 불규칙: 명령형 어미 '-아라'가 '-너라'로 변하는 것

㉥ '오다'가 붙는 말에만 나타남

ⓓ '러' 불규칙: 어미 '-어'나 '-어'로 시작되는 어미가 '-러'로 변하

는 것

㉮ 이르다(至), 누르다, 푸르다

③ 어간과 어미의 불규칙성에 의한 것

ⓐ 'ㅎ' 불규칙: 'ㅎ' 받침을 가진 형용사가 그 받침이 떨어지거나 또는, 그 결과 어간과 어미의 모습이 함께 변화가 일어나는 현상

㉮ 까맣다, 노랗다, 빨갛다, 누렇다, 뽀얗다, 뻘겋다 등

파랗다→ (파랗-+-아서→파래서)

(파랗-+-았다→파랬다)

◎ 파생어와 합성어

한 어근에 기반을 두고 새로운 단어를 만들어가는 것을 파생이라고 하고 두 개 이상의 어근 통합에 따라 의미 상승 작용을 통해 새로운 단어를 만들어가는 것을 합성이라고 한다. 이들은 제한된 언어 요소를 갖고 실세계에 존재하는 무한대의 것들을 개념화하기 위한 중요 수단으로 이 파생에 의해 만들어진 단어를 파생어라 하고, 합성에 의해 만들어진 단어를 합성어라 한다.

우선 파생어는 일반적으로 어근에 파생접사가 결합한 단어를 일컫는데, 어근을 기준으로 접사가 결합하는 위치에 따라 접두사와 접미사로 구분할 수 있다.

〈파생에 의한 단어 형성〉

- 접두파생어: 접두파생어는 '접두사+어근'으로 구성된 단어
  ① 관형사성 접두파생어: 맨입, 군소리, 풋고추, 알밤…
  ② 부사성 접두파생어: 설익다, 얄밉다, 엿보다…

- 접미파생어: 접미파생어는 '어근+접두사'로 구성된 단어

① 명사파생어: 어근에 접사가 결합하여 명사로 된 단어
ⓐ 어근 + 한정적 접사
예 목+아지→ 모가지, 욕심+꾸러기→ 욕심꾸러기
ⓑ 어근 + 지배적 접사
예 슬프-+(-다)+ㅁ→ 슬픔, 막-+(-다)+애→ 마개, 묻-+(-다)+엄→ 무덤
② 동사파생어: 어근에 접사가 결합하여 동사로 된 단어
ⓐ 어근 + 한정적 접사
예 밀-+치다→ 밀치다, 깨-+-뜨리다→ 깨뜨리다
ⓑ 어근 + 지배적 접사
예 공부+하다→ 공부하다, 출렁+거리다→ 출렁거리다
ⓒ 어근+사동 혹은 피동 접사
예 먹-+-이다→ 먹이다 / 잡-++-히다 → 잡히다
③ 형용사파생어: 어근에 접사가 결합하여 형용사로 된 단어
ⓐ 어근+한정적 접사
예 높-+-다랗다→ 높다랗다
ⓑ 어근+지배적 접사
예 가난+-하다→ 가난하다, 새+-롭다→ 새롭다
④ 부사파생어: 어근에 접사가 결합하여 부사로 된 단어
ⓐ 어근+지배적 접사
예 맞+우 → 마주

합성어는 둘 이상의 어휘형태소 즉, 어근이 결합하여 단어를 구성하는 것으로 의미 결합방식과 어근 배열 방식에 따라 분류할 수 있다.

먼저 의미 결합 방식에 따라 분류할 수 있다. 두 어근의 의미 결합이 1:1의 대등한 의미 관계를 갖고 합성이 될 경우 이를 '대등 합성어'라 하고, 선행 어근이 후행 어근에 종속되어 수식 관계를 갖게 될 경우

이를 '종속 합성어'라 한다. 또한 두 어근이 서로 결합해서 두 어근이 갖고 있던 원래의 의미를 잃고 새로운 제3의 의미를 갖게 될 경우 이를 '융합 합성어'라 한다.

다음으로 어근 배열 방식에 따라 분류할 수 있다. 어근과 어근이 결합할 때 일반적인 단어의 배열 방식 즉, '관형어가 명사를 수식하는 형태'나 '용언의 관형형이 명사 수식하는 형태', '주어 뒤에 서술어가 오는 형태', '용언의 어간 뒤에 연결어미가 온 후 다시 용언이 오는 형태' 등에 의해 어근이 배열되는 경우를 '통사적 합성어'라 한다.

이에 비해 일반적인 단어의 배열 방식에서 벗어난 방식 즉, '부사가 명사를 수식하는 형태', '용언의 어간 뒤 바로 용언의 어간이 오는 형태', '용언의 어간 뒤 명사가 오는 형태' 등에 의해 어근이 배열되는 경우를 '비통사적 합성어'라 한다.

〈의미 결합 방식에 따른 합성어의 종류〉

① 대등 합성어: 논밭, 마소, 여닫다…
② 종속 합성어: 손수건, 돌다리, 갈아입다…
③ 융합 합성어: 돌아가다, 밤낮, 입방아…

〈어근 배열 방식에 따른 합성어의 종류〉

① 통사적 합성어: 새해, 작은형, 힘들다…
② 비통사적 합성어: 접칼, 검붉다, 부슬비…

접미파생어의 표기와 관련한 것은 한글맞춤법 제19항부터 26항까지 그 규정을 다루고 있다.

제19항 어간에 '-이'나 '-음/-ㅁ'이 붙어서 명사로 된 것과 '-이'나 '-히'가 붙어서 부사로 된 것은 그 어간의 원형을 밝히어 적는다.

1. '-이'가 붙어서 명사로 된 것
길이, 깊이, 높이, 다듬이, 땀받이, 달맞이, 먹이, 미닫이, 벌이, 벼훑이, 살림살이, 쇠붙이

2. '-음/-ㅁ'이 붙어서 명사로 된 것
걸음, 묶음, 믿음, 얼음, 엮음, 울음, 웃음, 졸음, 죽음, 앎, 만듦

3. '-이'가 붙어서 부사로 된 것
같이, 굳이, 길이, 높이, 많이, 실없이, 좋이, 짓궂이

4. '-히'가 붙어서 부사로 된 것
밝히, 익히, 작히

다만, 어간에 '-이'나 '-음'이 붙어서 명사로 바뀐 것이라도 그 어간의 뜻과 멀어진 것은 그 원형을 밝히어 적지 아니한다.
굽도리, 다리[髢], 목거리(목병), 무녀리, 코끼리, 거름[비료], 고름[膿], 노름(도박)

[붙임] 어간에 '-이'나 '음'이외의 모음으로 시작된 접미사가 붙어서 다른 품사로 바뀐 것은 그 어간의 원형을 밝히어 적지 아니한다.
(1) 명사로 바뀐 것
귀머거리, 까마귀, 너머, 뜨더귀, 마감, 마개, 마중, 무덤, 비렁뱅이, 쓰레기, 올가미, 주검

(2) 부사로 바뀐 것
거뭇거뭇, 너무, 도로, 뜨덤뜨덤, 바투, 불긋불긋, 비로소, 오긋오긋, 자주, 차마

(3) 조사로 바뀌어 뜻이 달라진 것
나마, 부터, 조차

제20항 명사 뒤에 '-이'가 붙어서 된 말은 그 명사의 원형을 밝히어 적는다.

1. 부사로 된 것
곳곳이, 낱낱이, 몫몫이, 샅샅이, 앞앞이, 집집이

2. 명사로 된 것
곰배팔이, 바둑이, 삼발이, 애꾸눈이, 육손이, 절뚝발이/절름발이

[붙임] '-이' 이외의 모음으로 시작된 접미사가 붙어서 된 말은 그 명사의 원형을 밝히어 적지 아니한다.
꼬락서니, 끄트머리, 모가치, 바깥, 사타구니, 싸라기, 이파리, 지붕, 지푸라기

제21항 명사나 혹은 용언의 어간 뒤에 자음으로 시작된 접미사가 붙어서 된 말은 그 명사나 어간의 원형을 밝히어 적는다.

1. 명사 뒤에 자음으로 시작된 접미사가 붙어서 된 것
값지다, 홑지다, 넋두리, 빛깔, 옆댕이, 잎사귀

2. 어간 뒤에 자음으로 시작된 접미사가 붙어서 된 것
낚시, 덮개, 뜨개질, 갉작거리다, 굵다랗다, 굵직하다, 깊숙하다

다만, 다음과 같은 말은 소리대로 적는다.
(1) 겹받침의 끝소리가 드러나지 아니하는 것
널찍하다, 말끔하다, 말쑥하다, 말짱하다, 얄따랗다, 짤막하다, 실컷

(2) 어원이 분명하지 아니하거나 본뜻에서 멀어진 것
넙치(광어), 올무(새나 짐승을 잡는 올가미) 납작하다

제22항 용언의 어간에 다음과 같은 접미사들이 붙어서 이루어진 말들은 그 어간을 밝히어 적는다.

1. '-기-, -리-, -이-, -히-, -구-, -우-, -추-, -으키-, -이키-, -애-'가 붙는 것
맡기다, 뚫리다, 앉히다, 돋우다, 맞추다, 일으키다, 돌이키다, 없애다

다만, '-이-, -히-, -우-'가 붙어서 된 말이라도 본뜻에서 멀어진 것은 소리대로 적는다.
도리다(칼로 ~), 드리다(용돈을 ~), 고치다, 바치다(세금을 ~), 부치다(편지를 ~)

2. '-치-, -뜨리-, -트리-'가 붙는 것
놓치다, 부딪뜨리다/부딪트리다, 흩뜨리다/흩트리다

[붙임] '-업-, -읍-, -브-'가 붙어서 된 말은 소리대로 적는다.
미덥다, 우습다, 미쁘다

제23항 '-하다'나 '-거리다'가 붙는 어근에 '-이'가 붙어서 명사가 된 것은 그 원형을 밝히어 적는다(ㄱ을 취하고 ㄴ을 버림).

ㄱ	ㄴ
깔쭉이	깔쭈기
눈깜짝이	눈깜짜기
더펄이	더퍼리
배불뚝이	배불뚜기

[붙임] '-하다'나 '-거리다'가 붙을 수 없는 어근에 '-이'나 또는 다른 모음으로 시작되는 접미사가 붙어서 명사가 된 것은 그 원형을 밝히어 적지 아니한다.
개구리, 누더기, 동그라미, 두드러기, 딱따구리, 매미, 부스러기, 뻐꾸기

제24항 '-거리다'가 붙을 수 있는 시늉말 어근에 '-이다'가 붙어서 된 용언은 그 어근을 밝히어 적는다(ㄱ을 취하고 ㄴ을 버림).

ㄱ	ㄴ
깜짝이다	깜짜기다
속삭이다	속사기다
울먹이다	울머기다
헐떡이다	헐떠기다

제25항 '-하다'가 붙는 어근에 '-히'나 '-이'가 붙어서 부사가 되거나, 부사에 '-이'가 붙어서 뜻을 더하는 경우에는 그 어근이나 부사의 원형을 밝히어 적는다.

1. '-하다'가 붙는 어근에 '-히'나 '-이'가 붙는 경우
급히, 꾸준히, 도저히, 딱히, 어렴풋이, 깨끗이

[붙임] '-하다'가 붙지 않는 경우에는 반드시 소리대로 적는다
갑자기, 반드시(꼭), 슬며시

2 부사에 '-이'가 붙어서 역시 부사가 되는 경우
곰곰이, 더욱이, 생긋이, 오뚝이, 일찍이, 해죽이

제26항 '-하다'나 '- 없다'가 붙어서 된 용언은 그 '-하다'나 '없다'를 밝히어 적는다.

1. '-하다'가 붙어서 용언이 된 것
딱하다, 숱하다, 착하다, 텁텁하다, 푹하다

2. '-없다'가 붙어서 용언이 된 것
부질없다, 상없다, 시름없다, 열없다, 하염없다

〈제19항~21항의 보충설명〉

제19항은 모음으로 시작하는 접미사가 결합하는 경우인데, 모음으로 시작하는 접미사의 경우 제1항 규정 '소리대로 적되'를 적용하면 연음되어 적어야 한다. 하지만 어근과 접미사 둘의 형태를 고정시켜 적음으로써 의미와 문법적 기능의 파악을 용이하도록 한 규정으로 어법에 맞도록 적는다는 표의주의 표기에 따라 적도록 한 것이다.

하지만 제19항 붙임에서 '-이'나 '-음'을 제외한 모음으로 시작하는 접미사는 원형을 밝혀 적지 않아도 된다고 한 것은 모음으로 시작하는 어미 중 단어 생산성이 낮은 것은 소리대로 적도로 한 규정이라 할 수 있다. 이는 보통 접미사는 새로운 단어를 만들 때 여러 개를 만들 수 있는 생산성이 높아야 효율적인데, '-이'나 '-음' 이외에 명사를 만드는 접미사들 가운데는 생산성이 낮아 몇몇의 단어에 적용되는 한계성을 보이기도 한다. 이에 따라 몇몇에만 적용되면서 생산성이 낮은 접미사의 경우 형태를 고정시켜 적어봐야 효율적이지 못하기 때문에 한글맞춤법 제1항 '소리대로 적되'라는 표음주의 표기에 따라 원형을 밝혀 적지 않도록 규정한 것이다.

제20항 역시 어근과 접사 각각의 형태를 고정시켜 그 원형을 밝혀 적도록 규정한 것인데, 제20항 붙임 규정과 같이 생산성이 낮은 접미사가 결합하는 경우는 굳이 그 형태를 밝혀 적을 필요가 없기 때문에 소리대로 적도록 규정해 놓고 있다.

제21항은 자음으로 시작하는 접미사가 뒤에 올 경우를 규정한 것으로, 자음이 오는 접미사가 명사나 어간의 뒤에 오면 명사나 어간의 형태도 고정시키고, 접미사의 형태도 또한 원형대로 적는다는 규정이다. 그런데 제21항 다만은 제21항에 속하지 않는 예외 규정으로, (1)의 경우 '핥-, 넓-, 맑-, 싫-, 맑-, 짧-' 등의 겹받침 중 끝받침은 발음되지 않기 때문에 군더더기로 적을 필요성이 없어서 소리대로 적도록 규정한 것이고, (2)의 경우 어원에서 벗어난 것을 굳이 원형을 밝혀 적을

필요성이 없기 때문에 소리대로 적도록 한 것이다. 둘 모두 제21항의 규정에서 벗어난 예외라 할 수 있다.

〈제12항~26항의 보충설명〉

제22항은 용언의 어간 뒤에 피동접미사와 사동접미사가 붙는 경우 어간의 원형을 밝혀 적는다는 규정이다. 피동은 주체가 다른 힘에 의하여 움직이는 것이고, 사동은 주체가 제3의 대상에게 동작이나 행동을 하게 하는 것이다. 용언의 어간 뒤에 피동접미사나 사동접미사가 결합하면 피동사나 사동사가 되는데, 이때 용언의 어간 형태를 고정시켜 적는 이유는 피동과 사동이 원동사와 밀접한 의미적 관계가 있기 때문에 이를 파악하기 용이하게 하기 위해서이다.

그런데 제22항 다만에서 '-이-, -히-, -우-'가 붙는 말인 도리다(돌+이+다), 드리다(들+이+다), 고치다(곧+히+다), 바치다(받+히+다), 거두다(걷+우+다) 등은 접미사가 결한 후에 본래의 뜻에서 멀어졌다. 이러한 단어들은 그 원형을 밝혀 적을 이유가 없기 때문에 제1항의 대원칙인 표음주의 표기 즉, 소리대로 적도록 예외 규정으로 둔 것이다.

제22항 붙임의 경우 '미덥다(믿+업다), 우습다(웃+읍다), 미쁘다(믿+브다)' 등의 표기는 '고달프다(고닲+브다), 슬프다(슳+브다), 기쁘다(깃+브다)' 등의 어간과 연관성이 있다. '고달프다, 슬프다, 기쁘다' 등은 '고닲, 슳, 깃' 등이 어근인데, 활용하는 어간에서 '-브'를 포함하게 된다. 즉, '고닲-, 슳-, 깃-' 등의 어근은 독립된 하나의 단어로 표기할 수 없는데, 제22항에 따라서 접미사 '-브-'를 포함한 어간은 원형을 밝혀 적고, 어근은 그 원형을 밝혀 적지 않는다고 규정하게는 다소 무리가 있다. 따라서 어근을 중심으로 소리나는 대로 그 원형을 밝혀 적지 않는 것으로 규정한 것이다. '-업-, -읍-'은 '-브-'와 같은 기능을 하기 때문에 이 모두가 붙은 말들은 어간의 원형을 밝혀

적지 않도록 규정한 것이다.

제23항은 제26항과 그 관련성을 찾을 수 있다. 어근에 '-하다'나 '-거리다'가 붙으면 용언이 되는데, 이렇게 '-하다'나 '-거리다'가 붙을 수 있는 어근에 명사파생접미사 '-이'가 결합되는 것은 어근의 원형을 밝혀 적도록 한 규정이다. 제23항은 이렇게 어근의 원형을 밝혀 표기하도록 규정해 줌으로써 '-하다'나 '-거리다'가 붙어서 동사로 쓰이는 경우와 구별하도록 한 것이다. 제23항 붙임은 '-하다'나 '-거리'가 결합이 가능한지가 중요하다. '-하다'나 '-거리다'가 결합할 수 없다면 굳이 원형을 밝혀 적지 않고 소리대로 적도록 한 규정이다.

제24항에서 '-거리다'와 '-이다'는 그 성격이 비슷하며, 어근을 용언으로 만드는 데 규칙적으로 사용된다. 그리고 시늉말이라는 것은 사람이나 사물의 소리, 모양, 동작 등을 흉내낸 말로 의성어나 의태어 등이 여기에 속하는데, 제24항은 '거리다'가 결합할 수 있는 시늉말 어근에 '-이다'가 결합한 경우 그 원형을 밝혀 적도록 한 규정이다.

'-하다'는 명사나 의성어, 의태어 등에 붙어서 그 말을 용언으로 만들어주는 접미사이다. 제25항은 '-하다'가 결합할 수 있는 어근에 부사파생접미사 '-히'나 '-이'가 결합하거나 혹은 부사 뒤에 '-이'가 붙어 뜻을 더하는 경우 각각의 형태를 밝히어 적도록 한 규정이다. 이는 '-하다'가 결합할 수 있는 말들은 모두 그 각각의 형태를 밝혀 적는다는 규정의 통일성을 위함이기도 하다.

제26항은 '-하다'나 '-없다'가 결합한 용언을 소리대로 적게 되면 기존에 써 오던 표기와의 이질감으로 인해서 그 의미나 형태의 파악이 용이하지 못하다. 따라서, 제26항에서도 어근의 형태와 뒤에 결합하는 '-하다', '-거리다' 각각 그 형태를 밝혀 적도록 한 규정이다.

한글맞춤법에서 접두파생어의 표기와 관련해서는 제27항에서 합성어와 함께 다루고 있다.

제27항 둘 이상의 단어가 어울리거나 접두사가 붙어서 이루어진 말은 각각 그 원형을 밝히어 적는다.

국말이, 꺾꽂이, 꽃잎, 새파랗다, 엿듣다, 옻오르다, 헛되다

[붙임 1] 어원은 분명하나 소리만 특이하게 변한 것은 변한 대로 적는다.
할아버지, 할아범

[붙임 2] 어원이 분명하지 아니한 것은 원형을 밝히어 적지 아니한다.
골병, 골탕, 끌탕, 며칠, 아재비, 오라비, 업신여기다, 부리나케

[붙임 3] '이[齒, 虱]'가 합성어나 이에 준하는 말에서 '니' 또는 '리'로 소리날 때에는 '니'로 적는다.
간니, 덧니, 사랑니, 송곳니, 앞니, 어금니, 윗니, 젖니, 톱니, 틀니, 가랑니, 머릿니

〈27항 보충 설명〉

27항 규정에서 둘 이상의 단어가 어울리는 것은 합성어를 말하며, 접두사가 붙어서 이루어진 말은 접두파생어를 말한다. 27항에서는 이 둘 모두 각각 그 원형을 밝혀 적는다고 규정하는데, 이는 어근과 어근, 어근과 접사 형태를 모두 밝혀 적음으로써 어근 간의 의미 관계 혹은 중심이 되는 어근과 첨가된 접두사 의미를 쉽게 파악할 수 있도록 한 것이다. 여기서 붙임1의 '할아버지'와 '할아범'은 각각 '한아버지', '한아범' 등 그 어원이 분명하지만 그 발음이 변화하여서 변화한 형태로 적도록 한 것이다. 발음에 의해서 형태는 변화하였지만, 본래 '큰'이라는 뜻의 '한'은 그 원형 의식이 남아 있다고 하겠다.

한 걸음 더

∴ 단어의 구조

단어의 구조는 크게 단일어와 복합어로 이분할 수 있는데, 여기서 복합어는 다시 파생어, 합성어로 나눌 수 있다. 우선 단일어는 단일한 어근으로 구성된 단어를 말하며, '물, 불, 학교, 도서관' 등이 여기에 속한다. 복합어에는 어휘적 의미가 있는 어근이 둘 이상 결합한 합성어와, 어근에 접사가 결합한 파생어가 있다. 합성어는 '돌다리, 손수건, 검붉다, 돌아가다' 등이 있으며, 파생어는 '공부하다, 잡히다, 깊이, 볶음' 등이 있다.

∴ 지배적 접사와 한정적 접사

접사는 그 기능에서 따라서 지배적 접사와 한정적 접사로 구분하기도 한다. 지배적 접사는 품사를 전성시키거나 문장의 구조를 변화시키기도 하는 역할을 한다. 이에 반해 한정적 접사는 어근의 문법적인 성질은 바꾸지 않고, 특정 의미를 포함시키거나 한정시키는 역할을 한다.

◎ 사이시옷

사이시옷은 연접(Juncture)의 자리에서 어떤 음소가 발생한다고 생각하여 이를 독립된 소리 글자로 표기하는 것으로 한국어의 특수한 성격이다. 현대국어에서는 합성어의 환경 즉, 어근과 어근이 만날 때 개재된 '사잇소리'가 'ㅅ'으로 나타나는데, 15세기에는 'ㅅ' 외에 'ㄱ, ㄷ, ㅂ, ㅸ, ㆆ' 등이 더 존재했다.

〈15세기 훈민정음 사이시옷〉

ㄱ – 洪ᅘᅩᇰㄱ字ᄍᆞᆼ, 穰양ㄱ字ᄍᆞᆼ, 乃냉終즁ㄱ소리

ㄷ – 君군ㄷ字ᄍᆞᆼ, 呑ᄐᆞᆫㄷ字ᄍᆞᆼ

ㅂ – 覃땀ㅂ字ᄍᆞᆼ, 侵침ㅂ字ᄍᆞᆼ

ㅸ - 蚪끃ㅸ字쫑, 斗둫ㅸ字쫑, 漂푷ㅸ字쫑

ㆆ - 快쾡ㆆ字쫑, 那낭ㆆ字쫑, 步뽕ㆆ字쫑, 彌밍ㆆ字쫑, 虛헝ㆆ字쫑,
慈쫑ㆆ字쫑, 邪썅ㆆ字쫑, 閭령ㆆ字쫑

ㅅ - 나랏말ᄊᆞ미, 우리나랏常談애, 엄쏘리, 혀쏘리, 입시울쏘리…

사이시옷은 한글 맞춤법에서 사잇소리 현상이 나타났을 때 표기에 쓰는 'ㅅ'의 명칭이다. 순 우리말 또는 순 우리말과 한자어로 된 합성어 중 선행 어근이 모음으로 끝나고 후행 어근의 첫소리가 된소리로 나거나, 후행 어근의 첫소리 'ㄴ, ㅁ' 앞에서 'ㄴ' 소리가 덧나거나, 뒷말의 첫소리 모음 앞에서 'ㄴㄴ' 소리가 덧나는 것 따위에 받치어 적는다.

사이시옷을 적는 환경 조건은 크게 세 가지이다.

첫째, 합성어 즉, 두 개의 어근이 결합해야 한다.

둘째, 두 어근이 각각 순 우리말과 순 우리말 혹은 순 우리말과 한자어 결합이어야 한다.

셋째, 두 어근이 결합했을 때, 뒤 어근 첫 소리가 된소리(경음) 혹은 'ㄴ, ㅁ' 앞에서 'ㄴ'소리가 덧나거나 'ㄴㄴ' 소리가 덧나야 한다.

위 세 가지 조건에 해당하지 않는 경우는 원칙적으로 사이시옷을 표기에 반영하지 않는데, 제30항 3의 6개 한자어는 예외로 한다. 또한, 순 우리말과 외래어, 한자어와 외래어가 결합하는 경우에도 사이시옷을 표기하지 않으며, 합성어 조건에서 뒤에 결합하는 어근의 첫소리가 된소리나 거센소리일 경우에도 사이시옷을 표기하지 않는다.

사이시옷의 표기와 관련한 규정은 한글맞춤법 30항이다.

제30항 사이시옷은 다음과 같은 경우에 받치어 적는다.

1. 순 우리말로 된 합성어로서 앞말이 모음으로 끝난 경우
(1) 뒷말의 첫소리가 된소리로 나는 것
나룻배, 나뭇가지, 냇가, 맷돌, 머릿기름, 모깃불, 바닷가, 뱃길, 선짓국, 쇳조각햇볕, 혓바늘

(2) 뒷말의 첫소리 'ㄴ, ㅁ' 앞에서 'ㄴ' 소리가 덧나는 것
멧나물, 아랫니, 텃마당, 아랫마을, 뒷머리, 잇몸, 깻묵, 냇물, 빗물

(3) 뒷말의 첫소리 모음 앞에서 'ㄴㄴ'소리가 덧나는 것
도리깻열, 뒷윷, 두렛일, 뒷일, 뒷입맛, 베갯잇, 욧잇, 깻잎, 나뭇잎, 댓잎

2. 순 우리말과 한자어로 된 합성어로서 앞말이 모음으로 끝난 경우
(1) 뒷말의 첫소리가 된소리로 나는 것
귓병, 뱃병, 아랫방, 자릿세, 전셋집, 찻잔, 탯줄, 텃세, 핏기, 햇수, 횟가루, 횟배

(2) 뒷말의 첫소리 'ㄴ, ㅁ' 앞에서 'ㄴ' 소리가 덧나는 것
곗날, 제삿날, 훗날, 툇마루, 양칫물

(3) 뒷말의 첫소리 모음 앞에서 'ㄴㄴ'소리가 덧나는 것
가욋일, 사삿일, 예삿일, 훗일

3. 두 음절로 된 다음 한자어
곳간(庫間), 셋방(貰房), 숫자(數字), 찻간(車間), 툇간(退間), 횟수(回數)

4. 띄어쓰기

띄어쓰기는 문장이나 글을 쓸 때 글을 읽는 이로 하여금 단어, 문장 등의 의미를 정확하고 올바르게 이해하도록 하기 위해 단어와 단어 사이를 띄어 쓰는 것을 말한다.

띄어쓰기는 19세기말에 Ross, J.의 『A Corean Primer』(1877)에서 국문을 처음 띄어 쓴 것부터 출발해서 1882년 박영효의 『사화기략』과 1886년 『한성주보』에서 구절이나 문장 단위로 불규칙하게 띄어 쓴 것이 있었다. 1906년에는 대한국민교육회에서 나온 『초등소학』에서 단어별로 띄어 썼는데, 이때는 조사도 띄어 썼다. 그 후 1933년 조선어학회에서 『한글마춤법통일안』을 제정· 공표하기 전까지는 띄어쓰기가 거의 보이지 않았다.

최근 1988년 『한글맞춤법통일안』이 제정되어 이에 따른 띄어쓰기 규정에 근거하여 써오고 있다.

현행 한글맞춤법에서 띄어쓰기는 총칙 제1장 2항에서 '문장의 각 단어는 띄어씀을 원칙으로 한다.'를 필두로 한글맞춤법 41항부터 50항까지 총 11개 항에서 띄어쓰기 관련 규칙을 규정하고 있다.

◎ 띄어쓰기의 기본 원리

띄어쓰기의 대원칙은 한글맞춤법 제1장 총칙 제2항에서 규정하고 있는 '문장의 각 단어는 띄어 씀을 원칙으로 한다.'이다. 단어는 그 내부에 휴지를 둘 수도 없고, 다른 단어를 끼워 넣을 수도 없는, 자립성을 갖고 있는 최소 단위이다. 예를 들면 '큰아버지(伯父)'와 '큰 아버지'를 비교해 보면 '큰'과 '아버지'를 붙여서 쓴 전자는 '아버지의 형'을 일컫지만 '큰'과 '아버지'를 띄어 쓴 후자는 무엇인지는 명확하지 않지만 키 등이 큰 아버지를 의미하게 된다. 전자는 단어이고 후자는 구(句)인데,

이처럼 단어는 '큰'과 '아버지'가 분리될 수 없다.

띄어쓰기는 이렇게 단어를 그 단위로 규정하고 단어 단위로 쓰도록 하는 규정이다. 그런데 제1장 2항 규정만으로는 해결하기 어려운 문제가 있는데 예를 들면 현행 규범 문법에서는 '조사'도 단어로 인정하고 있다는 것이나 같은 형태이면서 각기 다른 품사로 기능하는 품사통용의 문제 등이 그것이다.

따라서 이를 위해 세부규정으로 41항에서 50항까지의 띄어쓰기 규정을 따로 두고 있다.

한 걸음 더

띄어쓰기에서 단어는 모두 붙여 쓰지만 두 단어가 연속된 경우에는 그것이 합성어나 파생어로 굳어진 것인지 아니면 구(句)인지를 판단해야 한다. 예를 들어 '우리'와 '나라' 혹은 '우리'와 '말, 글' 등이 결합한 경우 '우리나라, 우리말, 우리글' 등처럼 하나로 굳어진 단어로 붙여 써야 하는 것이라면 '우리'와 '집, 동네' 등이 결합한 경우에는 '우리 집, 우리 동네' 등처럼 구(句)로 띄어 써야 한다.

∴ 참고

문장을 구성하면서 일정한 기능을 하는 단어들을 문장 성분이라고 한다. 이 문장 성분은 단어 혹은 단어가 모여서 구성이 되는데, 어절 단위와 문장 성분은 대개 일치한다. 한국어 문장 성분은 주성분, 부속성분, 독립성분 등으로 분류되는데 각각 주성분에는 주어, 서술어, 목적어, 보어가 있고, 부속성분에는 관형어와 부사어, 독립성분에는 독립어가 있다.

◎ 조사의 띄어쓰기

조사는 앞말에 붙어서 문법적 관계 혹은 일정한 의미를 첨가하는 역할을 하는데, 현행 규범 문법에서 단어로 인정하고 있기 때문에 한글맞춤법 제1장 2항에 규정 따라 띄어 써야 하는 단위가 된다. 하지만 한글은 1945년 조선교육심의회에서 채택된 이래 왼쪽에서 오른쪽으로 나아가면서 가로쓰기를 하기 때문에 조사를 모두 띄어 쓴다면 가독성에 상당한 혼란이 있을 수 있다. 이에 따라 세부규칙 41항을 두고 앞말에 붙여 써서 가독성을 높이도록 한 것이다.

제41항 조사는 그 앞말에 붙여 쓴다.

꽃이, 꽃마저, 꽃밖에, 꽃에서부터, 꽃으로만, 꽃이나마, 꽃이다, 꽃입니다, 꽃처럼, 어디까지나, 거기도, 멀리는, 웃고만

문장 '여기에서부터가 학교이다.'를 한글맞춤법 총칙 제1장 2항 규정에 따라 단어인 조사를 앞말과 띄어 쓸 경우 '여기✔에서✔부터✔가✔학교✔이다'와 같이 써야 한다. 이는 글을 쓰거나 읽을 때 상당한 불편이 있기 때문에 단어로 띄어 써야 하지만 앞말에 붙는 성격의 조사는 붙여 쓰도록 규정하고 있는 것이다.

조사의 띄어쓰기에서 중요한 것은 해당 단어가 조사인지 여부를 판단하는 것이다. 잘 알려진 조사인 '-이/가, -을/를, -은/는' 등은 조사로 판단하는 것이 어렵지 않지만 익숙하지 않은 조사나 혹은 동일 형태의 다른 품사인 경우에는 조사로 오인하고 붙여 쓰는 잘못을 범할 수 있다.

〈익숙하지 않아 혼동하기 쉬운 조사 목록〉

단일 품사(조사): -(으)ㄴ/는커녕, -ㄴ즉슨, -나마, -더러, -마는, -그려, -깨나, -부터, -서부터, -에다가, -에서부터, -이라도, -으로부터…

품사 통용: -만큼, -대로, -밖에, -뿐, -하고, -말고, -나마, -보고…

◎ 의존명사의 띄어쓰기

의존명사는 명사의 한 종류이지만 자립명사와는 다르게 자립성이 없으며, 문장에서 반드시 관형어의 수식을 받아야만 그 기능을 할 수 있다.

의존 명사는 몇 가지 특징이 있다.

첫째, 자립성은 없으나 격조사를 취하고 관형어의 수식을 받아 명사로 인정받고 있다.

둘째, 단독으로 쓰이지 못하고 문장의 첫머리에 놓일 수 없기 때문에 불완전하다.

셋째, 일반 명사처럼 실질적인 의미를 나타내지 못하고, '일, 곳, 내용, 사람' 등의 실질적인 의미를 간접적으로 나타낸다.

제42항 의존 명사는 띄어 쓴다.
아는 것이 힘이다. 나도 할 수 있다.
먹을 만큼 먹어라. 아는 이를 만났다.
네가 뜻한 바를 알겠다. 그가 떠난 지가 오래다.

의존명사는 독립적인 의미는 없으나 다른 단어 뒤에 위치해서 명사의 기능을 하기 때문에 하나의 단어로 인정된다. 물론 독립해 쓸 수 없는 의존적 성격 때문에 앞말에 붙여 쓸 것인지, 띄어 쓸 것인지에 대해 논란이 있었으나 제1장 2항의 규정에 의해 띄어 쓰도록 한 것이다. 의존명사는 그 형태에서 조사 혹은 접미사와 같은 경우가 있기 때문에 의존명사인지를 판별하는 것이 띄어쓰기에서 중요한 요소이다.

〈의존명사의 구별법〉

첫째, 뒤에 조사가 올 수 있는지의 여부

㉮ 할 수 있는 만큼 해라. → 할 수가 있는 만큼만을 해라.

둘째, 다른 명사로 바꿀 수 있는지의 여부

㉮ 지금 하고 있는 것에 집중해. → 지금 하고 있는 공부에 집중해.

셋째, 다른 말의 수식을 받아서 문장에 출현하고 있는지의 여부

㉮ 다 먹는 대로 출발하자. → 먹는

한 걸음 더

한 단어가 둘 이상의 품사를 갖는 것을 품사 통용이라고 한다. 띄어쓰기와 관련해서는 의존명사와 조사, 의존명사와 어미 등이 각각 형태가 같은데 의존명사이기도 하고 조사이기도 한 경우가 있으며, 어미이기도 하고 의존명사이기도 한 경우가 있다.

이러한 이유로 한 형태의 단어가 둘 이상의 품사를 갖는 품사 통용은 띄어쓰기를 더욱 어렵게 만들기도 한다.

〈의존명사와 조사의 통용 예〉

① 너뿐 아니라 영수도 합격이야. / 나는 열심히 했을 뿐이다.

② 나는 나대로 할게. / 영수가 가는 대로 따라 갈게.

③ 혼자 갈 수밖에 없었다. / 집 밖에 누가 왔다.

④ 너만을 사랑한다. / 십 년 만에 그녀를 보았다.

〈의존명사와 어미의 통용 예〉

① 밥을 먹든지 운동을 하든지 간에 하나만 해. / 내일부터 삼일간 휴가입니다.

② 밥을 먹는데 영수가 왔다. / 밥을 먹는 데 집중해.

③ 혼자 갈 수밖에 없었다. / 집 밖에 누가 왔다.

④ 너만을 사랑한다. / 십 년 만에 그녀를 보았다.

의존명사 중에는 단위를 나타내는 의존명사를 단위성 의존명사라 한다. 이 단위성 의존명사는 수관형사 뒤에 쓰여 차례나 양을 나타낸다. 단위성 의존명사도 명사로 띄어 쓰는데, 순서를 나타내는 경우나 숫자와 함께 쓰이는 경우에는 붙어쓸 수도 있는 허용 규정이 있다.

> **제43항 단위를 나타내는 명사는 띄어 쓴다.**
> 한 개, 차 한 대, 금 서 돈, 소 한 마리, 옷 한 벌, 열 살, 조기 한 손, 연필 한 자루, 버선 한 죽, 집 한 채, 신 두 켤레, 북어 한 쾌
>
> 다만, 순서를 나타내는 경우나 숫자와 어울리어 쓰이는 경우에는 붙여 쓸 수 있다.
> 두시 삼십분 오초, 제일과, 삼학년, 육층, 1446년 10월 9일, 16동 502호, 제1실습실

한 걸음 더

∴ 단위성 의존명사의 사용 예

① 제34 회 졸업식이 시작되겠습니다.

② 지금부터 제10 차 정기총회를 시작하겠습니다.

③ 모인 사람은 모두 50여 명 정도입니다.

④ 부모님께 금 여섯 돈을 선물했습니다.

∴ 수를 나타나는 말

가리: 곡식이나 장작 따위의 더미를 세는 단위

가웃: 되, 말, 자의 수를 셀 때, 그 단위의 반에 해당하는 분량이 더 있음을 나타내는 단위

갈이: 소 한 마리가 하루에 갈 만한 논밭의 면적. 약 2,000평 정도

갓: 굴비, 비웃 따위나 고비, 고사리 등을 묶어 세는 단위
강다리: 쪼갠 장작을 묶어 세는 단위. 한 강다리는 쪼갠 장작 100개비
거리: (가지, 오이) 50개. 반 접

1. 오이, 마늘, 가지 따위의 50개를 한 단위로 이르는 말. 따라서 두 거리가 한 접이 된다.
2. 연극에서 극의 한 막 또는 그 각본.
3. 무당의 굿에서의 한 장.
4. 남사당 놀이에서 한 마당을 다시 몇 부분으로 나눈 그 부분을 이르는 단위.

고리: 소주 열(10) 사발을 한 단위로 일컫는 말
고팽이: 새끼, 줄 따위를 사려 놓은 돌림을 세는 단위
꾸러미 : 꾸리어 싼 물건 혹은 달걀 열 개를 묶어 세는 단위
낱: 낱개의 사물을 하나씩 셀 경우에 쓰는 말, '그릇 세 낱', '빗자루 두 낱'(요즘은 '개(個)'를 많이 씀)
닢: 납작한 물건을 세는 단위. 흔히 가마니, 돈 등을 셀 때 쓴다.
단: 채소, 짚, 땔나무 따위의 한 묶음
단보(段步): 논밭의 넓이, 1단보 300평임
담불: 벼 100섬을 세는 단위
대: 길고 곧은 물건을 셀 때에 쓰는 단위.
동: '묶음'을 세는 단위(붓은 10자루, 생강은 10접, 백지 100권, 볏짚 100단, 땅 100뭇, 무명 50필, 먹 10장, 곶감 100접, 한지 10권(2,000장), 청어 2,000마리 등)
되가웃: 되로 되고 남은 반 가량, 즉 한 되의 반(半)
되사: 말로 되고 남은 한 되 가량
되지기: 논밭 넓이의 단위.
두름: 물고기나 나물을 짚으로 두 줄로 엮은 것. 한 줄에 10마리씩 모두 20마리

땀: 실을 꿴 바늘로 한 번 뜬 자국을 세는 단위

리: 비율, 길이 무게 등을 세는 단위

마리: 물고기나 짐승의 수효를 세는 단위

마장: 십 리나 오 리가 못 되는 거리. 리(里) 대신에 씀.

마지기: 논밭의 넓이의 단위 (논은 200~300평, 밭은 100평 내외)

마투리: 한 가마니나 한 섬에 차지 못하고 남은 양

매: 맷고기나 살담배를 작게 갈라 동여 매어 놓고 팔 때 그 한덩이를 세는 단위.

모: 두부나 묵 따위와 같이 모난 물건을 수량을 나타내는 단위.

모금: 물 같은 것을 한 번 머금은 량

모숨: 가늘고 긴 물건이 한 줌 안에 들만한 분량

모태: 떡판에 놓고 한 차례에 칠 만한 떡의 분량

뭇: 장작, 채소 따위의 작은 묶음(단) 물고기 10마리 (조기 한 뭇)

1. *장작이나 채소 따위의 한 묶음을 이르는 단위.(예: 장작 한 뭇)*
2. *생선 열 마리를 이르는 단위.*
3. *토지 넓이의 단위. 벼 열 줌이 한 뭇이고 열 뭇이 한 짐인데, 한 뭇의 넓이 또한 곡식이 그만큼 나올 수 있는 땅의 넓이를 이르는 단위였다.*

바람: 실이나 새끼 같은 것의 한 발쯤 되는 길이

바리: 마소가 실어나르는 짐을 세는 단위

1. *소나 말 따위의 등에 잔뜩 실은 짐을 세는 말.(예: 나무 한 바리. 곡식 한 바리)*
2. *윷놀이에서 말 한 개를 이르는 말*

반보: 땅 넓이의 단위. 1반보는 300평

발: 길이를 잴 때 두 팔을 펴 벌린 길이

사리: 국수, 새끼 같은 것을 사리어 놓은 것을 세는 단위

섬: 부피의 단위. 곡식, 가루, 액체 등의 부피를 잴 때 쓴다.

섭수: 볏짚, 땔나무의 수량 단위

세뚜리: 세우젓 같은 것을 나눌 때에 한 독을 세 몫으로 나눌 때 가르는 양

손: 조기, 고등어 따위 생선 2마리, 배추는 2통, 미나리, 파 따위는 한 줌.

쌈: 바늘 24개. 금 100냥쭝

알: 작고 둥근 것을 셀 때 쓰는 말

우리: 기와를 세는 단위

자(척,尺): 길이를 세는 단위 10인치 = 30.3센치미터

자락: 논 밭을 갈아 넘긴 골을 세는 단위

자루: 길고 곧은 물건 가운데에서 사람이 쥐거나 잡을 수 있는 손잡이로 된 것

자밤: 양념이나 나물 같은 것을 손가락 끝으로 집을 만한 분량

장: 발(簾)이나 무덤을 셀 때 쓰는 말

장(丈): 길이의 단위. 십 척

점: 1. 시간의 단위(예 :오전 열 점 - 10시)
2. 옷감이나 물품의 가짓수(예: 의류 3점)
3. 바둑판의 눈이나 돌의 수(예: 넉 점 반 바둑)
4. 고기나 물건의 작은 조각(예: 돼지고기 서너 점)
5. 작품의 수(예: 유화 다섯 점)

접: 채소나, 과일 등을 묶어 세는 단위. 감, 마늘, 무, 배추 100개

제: 한방약 20첩

조짐: 사방 6자 부피로 쌓은 장작 더미를 세는 단위

죽: 옷, 그릇 등의 열 벌을 묶어 세는 단위

채: 집, 이불, 가마를 세는 단위

촉: 난초(蘭草)의 포기 수를 세는 단위

축: 오징어를 묶어 세는 단위. 한축은 오징어 스무마리

치: 한 자의 10분의 1을 한 치라 한다. 한자말 단위 이름씨 '촌(寸)'과 같은 길이

켤레: 신, 버선, 방망이 따위의 두 짝을 한 벌로 세는 단위

칸: 면적을 나눈 개수를 세는 단위

코: 낙지 스무 마리를 이르는 말

쾌: 북어 스무(20) 마리를 한 단위로 세는 말,
엽전 열 꾸러미 즉 열 냥을 한 단위로 셀 때 쓰는 말

타래: 실이나 고삐를 감아서 틀어 놓은 분량의 단위(뜨개질 두 타래, 철사 세 타래)

태: 나무꼬챙이에 꿴 말린 명태 20마리

테: 서려 놓은 실의 묶음을 세는 말(실 한 테 혹은 두 테)

톨: 밤, 도토리, 마늘 같은 것을 세는 단위 (밤 세 톨, 도토리 네 톨)

톳: 김을 묶어 세는 단위. 한 톳은 김 100장

평: 사방 6자평방 = 3.306평방미터

푼: 0.1치

필(疋): 일정한 길이로 말아놓은 피륙을 세는 단위

필(匹): 말이나 소를 세는 단위

홉(合): 한 되의 10분의 1

홰: 새벽에 닭이 올라앉은 나무막대를 치면서 우는 차례를 세는 단위

한소끔: 끓는 물 따위의 한 번 끓은 것을 일컫는 말

◎ 본용언과 보조용언의 띄어쓰기

본용언은 문장의 주체를 주되게 서술하면서 보조용언의 도움을 받는 것으로 자립성을 가지고 실질적인 의미를 나타내며, 단독으로 서술 능력을 가지고 있는 동사나 형용사를 말한다. 이에 비해 보조용언은 본용언과 연결되어 그것의 뜻을 보충하는 역할을 하는 것으로 자립성이 없거나 약하여 단독으로 서술 능력은 없고 본용언의 뒤에서 의미를 더해

주는 동사나 형용사를 말한다.

본용언과 보조용언은 '용언 어간+보조적 연결어미(아/어, 게, 지, 고)+보조용언', '용언 어간+명사형 전성어미+보조사+보조용언' 등의 결합 구성으로 나타난다.

제47항 보조 용언은 띄어 씀을 원칙으로 하되, 경우에 따라 붙여 씀도 허용한다(ㄱ을 취하고 ㄴ을 버림).

ㄱ	ㄴ
불이 꺼져 간다.	불이 꺼져간다.
어머니를 도와 드린다.	어머니를 도와드린다.
비가 올 듯하다.	비가 올듯하다.
비가 올 성싶다.	비가 올성싶다.

다만, 앞말에 조사가 붙거나 앞말이 합성 동사인 경우, 그리고 중간에 조사가 들어갈 적에는 그 뒤에 오는 보조 용언은 띄어 쓴다.

잘도 놀아만 나는구나!	책을 읽어도 보고…
네가 덤벼들어 보아라.	강물에 떠내려가 버렸다.
그가 올 듯도 하다.	잘난 체를 한다.

본용언과 보조용언은 원칙적으로 띄어 쓰는데, 때에 따라 붙여 쓸 수 있다는 허용 규정을 두고 있다. 붙여 쓸 수 있는 경우는 다음의 두 가지 경우이다.

첫째, '-아/-어' 뒤 보조용언이 오는 경우

㉮ 잡아 본다(○) / 잡아본다(△), 깎아 드린다(○) / 깎아드린다(△),

둘째, 의존명사에 '-하다', '-싶다'가 붙어서 된 보조용언의 경우

㉮ 아는 척하다(○), 아는척하다(△) / 올 듯싶다(○), 올듯싶다(△)

위 두 가지처럼 붙여 써도 되는 본용언과 보조용언이라 하더라도 반드시 띄어 써야 하는 경우 세 가지가 있다.

첫째, '본용언 어간+어미+조사+보조용언 어간+어미' 구성의 경우
㉠ 값을 물어만보았다.(×) / 물어만 보았다(○)
둘째, '합성용언 어간+어미+보조용언 어간+어미' 구성의 경우
㉠ 홍수에 떠내려가버렸다(×) / 떠내려가 버렸다(○)
셋째, '의존명사+조사+-하다/-싶다' 구성의 경우
㉠ 눈이 올듯도싶다(×) / 올 듯도 싶다(○)

◎ 고유 명사 및 전문 용어의 띄어쓰기

고유명사는 낱낱의 특정한 사물이나 사람을 다른 것들과 구별하여 부르기 위하여 고유의 기호를 붙인 이름이다. 세상에서 유일하게 존재하는 '해, 달' 따위는 다른 것과 구별할 필요가 없기 때문에 고유 명사에 속하지 않는 반면, '홍길동'과 같은 인명은 동명이인(同名異人)이 있는 경우라도 고유 명사에 속한다. 또한 전문용어(專門用語)는 특정한 전문 분야에서 주로 사용하는 용어를 말한다.

성명은 성과 이름, 성과 호 등은 붙여 쓰도록 하고 이에 붙는 호칭어나 관직명 등은 띄어 쓰도록 규정하고 있다. 예외로 성이 두 글자인 경우처럼 성과 이름, 성과 호를 구분해야 할 때는 예외적으로 띄어 쓸 수 있도록 하고 있다.

성명 외 고유 명사나 전문 용어는 원칙적으로 단어 단위로 띄어 쓰도록 하고 있는데, 이는 각 단어 단위가 모여 이루는 단어 전체의 의미를 잘 파악할 수 있도록 하는 데 그 이유가 있다고 하겠다.

제48항 성과 이름, 성과 호 등은 붙여 쓰고, 이에 덧붙는 호칭어, 관직명 등은 띄어 쓴다.
김양수(金良洙), 서화담(徐花潭), 채영신 씨, 최치원 선생, 박동식 박사, 충무공 이순신 장군

다만, 성과 이름, 성과 호를 분명히 구분할 필요가 있을 경우에는 띄어 쓸 수 있다.
남궁억/남궁 억, 독고준/독고 준, 황보지봉(皇甫芝峰)/황보 지봉

제49항 성명 이외의 고유명사는 단어별로 띄어 씀을 원칙으로 하되, 단위 별로 띄어 쓸 수 있다(ㄱ을 원칙으로 하고 ㄴ을 허용함).

ㄱ	ㄴ
대한 중학교	대한중학교
한국 대학교 사범 대학	한국대학교 사범대학

제50항 전문 용어는 단어별로 띄어 씀을 원칙으로 하되, 붙여 쓸 수 있다(ㄱ을 원칙으로 하고 ㄴ을 허용함).

ㄱ	ㄴ
만성 골수성 백혈병	만성골수성백혈병
중거리 탄도 유도탄	중거리 탄도 유도탄

◎ 관형사의 띄어쓰기

관형사는 체언 앞에서 그 체언을 꾸며주는 역할을 하는 단어로 성상관형사, 지시관형사, 수관형사 등이 있다. 관형사는 체언 중에 수사와는 결합할 수 없으며, 주로 명사를 꾸며준다.

관형사는 주로 명사를 꾸며주는 하나의 단어이기 때문에 총칙 제1장 2항의 규정만으로도 띄어쓰기에 관한 규칙을 적용할 수 있다. 관형사는 명사의 앞에 위치하기 때문에 접두사와 혼동될 가능성 있어서 이에 주의해야 한다.

〈관형사의 종류〉

① 성상 관형사: 체언의 성질이나 상태가 어떠한지를 수식

㉮ 맨, 모든, 새, 여느, 헌, 純, 故, 全…

② 지시 관형사: 화자가 주관적으로 사물의 성질이나 상태 등을 가리켜서 수식

㉮ 이, 그, 저…

③ 수 관형사: 사물의 수나 양을 지시하여 수식

㉮ 열, 모든, 한, 두, 첫째…

〈관형사와 접두사의 차이〉

㉠ 관형사

ⓐ 체언 앞에서 그 뜻을 분명하게 제한하는 자립 형태소.

ⓑ 분리성이 있어서 분포의 제약이 거의 없다.

ⓒ 그 자체가 독립된 단어로서 다른 단어와 결합하여 구를 형성한다.

㉡ 접두사

ⓐ 어근의 앞에 붙어 의미를 제한하는 의존 형태소.

ⓑ 분리성이 없어서 분포의 제약성을 가진다.

ⓒ 명사와의 사이에 제3의 단어를 개입시킬 수 없고, 단지 파생어만 결합한다.

◎ 수, 열거하는 말, 단음절어 등의 띄어쓰기

수는 십진법에 따라 쓰던 것을 '만' 단위로 개정하여, '만, 억, 조, 경 해' 등으로 띄어 쓰도록 하였으며, 두 말을 이어주는 접속 부사와 열거할 때 쓰는 의존명사는 앞말과 뒷말의 형태를 보존하여 가독성을 높이도록 하기 위해 띄어 쓰도록 규정하였다.

한 음절로 된 단어들의 경우 총칙 제1장 제2항 규정에 따라 한 음절 단어는 모두 띄어 써야 하는데, 그렇게 되면 글을 쓰게 되거나 읽게

될 때 부담을 주고 가독성도 떨어진다. 이에 적절한 의미 단위별로 붙여 쓸 수 있도록 함으로써 이 또한 가독성을 높이도록 한 규정이라 할 수 있다.

제44항 수를 적을 적에는 '만(萬)' 단위로 띄어 쓴다.
십이억 삼천사백오십육만 칠천팔백구십팔
12억 3456만 7898

제45항 두 말을 이어 주거나 열거할 적에 쓰이는 다음의 말들은 띄어 쓴다.
국장 겸 과장, 열 내지 스물, 청군 대 백군, 책상, 걸상 등이 있다.
이사장 및 이사들, 사과, 배, 귤 등등, 사과, 배 등속, 부산, 광주 등지

제46항 단음절로 된 단어가 연이어 나타날 적에는 붙여 쓸 수 있다.
그때 그곳, 좀더 큰것, 이말 저말, 한잎 두잎

∴ 참고

외래어의 경우 특별한 띄어쓰기 규정은 없으나 '외래어표기법'에서 지명에 붙는 '강, 산' 등은 띄어 쓰도록 예시되어 있다. 이는『표준국어대사전』에서도 반영되어 '에베레스트 산', '후지 산', '나일 강' 등처럼 띄어 쓰는 것으로 등재되어 있다.

〈띄어쓰기 연습〉

철수가공부를열심히한다.

물이얼면얼음이된다.

이것은중세국어의체계를설명한책이다.

고마워하긴커녕아는체도않더라!

철수가집을대궐만큼크게짓는다.

나는당신을죽을만큼사랑합니다.

일주일전에나갔던철수가이제야옵니다그려.

경부선은서울에서부터시작된다.

영희야학교에서만이라도열심히공부해라!

철수가사랑하는사람은너뿐이다.

그는그녀를그저바라볼뿐아무말도할수없었다.

나는나의잘못을영희한테다가모두말했다.

각자맡은바책임을다하라.

철수가집을나간지사흘만에돌아왔다.

지금문화체육과는회의중입니다.

영희는숙제를될수있는대로빨리끝냈다.

나는나대로너는너대로그일을하자.

나는그를본둥만둥지나쳤다.

영희야, 대학에갈양이면공부를해라.

우린이제부부인데내것네것이어디있어.

내일은서울가는김에철수를보고오겠다.

한국축구에대해서네가그런식으로말할건없잖아!

어제에비하면오늘은날씨가매우좋은편이다.

너만혼자서잘난체하지마라.

철수는하루의반을공부하는데쓴다.

그녀는어디서많이본듯하다.

나는그저당신을만나러왔을따름입니다.

아버지가겪은고통에비하면내괴로움따위는아무것도아니었다.

어떤분이선생님을찾아오셨습니다.

영희가철수에게버선한죽을선물했다.

철수가북어한쾌는20마리라고했다.

집한채값이너무나올랐다.

영수는오랜만에만난철수에게술한잔을권했다. / 우리술한잔하자!

지금은두시삼십분오초이다.

영희는10여년을혼자살았다.

4월17일에로또1등추첨의당첨금은일천오백만이천육백칠십원이다.

사과, 귤, 배, 포도등이있다.

영수는학회장겸과대표이다.

너희둘은좋은대가되는구나.

곰이죽은척을한다.

영수의기분이날아갈듯하다.

철수는성공할만도하다.

영희가그릇을깨뜨려버렸다.

촛불이서서히꺼져간다.

어제철수의할아버지께서돌아가셨다.

철수가달리기에자신없어한다.

열심히노력하는사람만이불가능을가능하게한다.

철수는교사가되는꿈을이루게되었다.

영희는착해서도와줄만하다.

철수는축구선수에서축구해설자로변할성싶다.

철수가착하지는않아도믿을만은하다.

어제시장에서만난김한국씨는국회의원이다.

김씨그일좀해줘. / 그사람은김씨이다.

충무공이순신장군은모두가존경하는인물이다.

김군은모든사람들이인정하는성실한청년이다.

설악산은매우아름답다. / 알프스산은정말높다.

한강의물줄기는동에서서로흐른다. / 미시시피강은매우아름답다.

월드컵으로인해전세계의관심이집중되고있다.

2005년에들어서는모든일이순조롭게잘된다.

철수가어제원서를낸회사에는몇만명이모여인산인해를이루었다.

제2차정기총회를열겠습니다. / 제비용은군에서부담합니다.

첫째는한단어이고, 첫번째는관형사, 명사, 접사의결합이다.

지연이는밤낮근희를칭찬한다.

영희는참아름답다.

철수는영희와내가잠깐이야기하는도중에나갔다.

그일에대해서우리함께좀더생각을 해 보자.

그문제를해결할수있는좋은방법을이리저리생각해보자.

연인의메시지를기다리다난데없이날아온스팸메시지에짜증을느끼게

될것이다.

어제는행사가끝난후에모든사람이곤드레만드레취했었다.

영수는술을안마신다. / 영수참안됐다.

영수는술을못마신다. / 영수참못됐다.

김모씨의증언이있었다.

지난겨울나는여행을다녀왔다.

Ⅱ. 알아두면 좋은 어문규정

1. 외래어표기법과 로마자표기법

외래어표기법

제1장 표기의 기본 원칙

제1항 외래어는 국어의 현용 24 자모만으로 적는다.

제2항 외래어의 1 음운은 원칙적으로 1 기호로 적는다.

제3항 받침에는 'ㄱ, ㄴ, ㄹ, ㅁ, ㅂ, ㅅ, ㅇ'만을 쓴다.

제4항 파열음 표기에는 된소리를 쓰지 않는 것을 원칙으로 한다.

제5항 이미 굳어진 외래어는 관용을 존중하되, 그 범위와 용례는 따로 정한다.

제3장 표기 세칙

제1절 영어의 표기

[표 1]에 따라 적되, 다음 사항에 유의하여 적는다.

제1항 무성 파열음 ([p], [t], [k])

1. 짧은 모음 다음의 어말 무성 파열음([p], [t], [k])은 받침으로 적는다.
   gap[gæp] 갭, cat[kæt] 캣, book[buk] 북
2. 짧은 모음과 유음 · 비음([l], [r], [m], [n]) 이외의 자음 사이에 오는 무성 파열음 ([p], [t], [k])은 받침으로 적는다.
   apt[æpt] 앱트, setback[setbæk] 셋백, act[ækt] 액트

3. 위 경우 이외의 어말과 자음 앞의 [p], [t], [k]는 '으'를 붙여 적는다.
stamp[stæmp] 스탬프, cape[keip] 케이프., nest[nest] 네스트, part[pɑ：t] 파트
desk[desk] 데스크, make[meik] 메이크, apple[æpl] 애플, mattress[mætris] 매트리스
chipmunk[tʃipmʌŋk] 치프멍크, sickness[siknis] 시크니스

제2항 유성 파열음([b], [d], [g])

어말과 모든 자음 앞에 오는 유성 파열음은 '으'를 붙여 적는다.
bulb[bʌlb] 벌브, land[lænd] 랜드, zigzag[zigzæg] 지그재그, lobster[lɔbstə] 로브스터
kidnap[kidnæp] 키드냅, signal[signəl] 시그널

제3항 마찰음([s], [z], [f], [v], [θ], [ð], [ʃ], [ʒ])

1. 어말 또는 자음 앞의 [s], [z], [f], [v], [θ], [ð]는 '으'를 붙여 적는다.
mask[mɑ：sk] 마스크, jazz[dʒæz] 재즈, graph[græf] 그래프, olive[ɔliv] 올리브
thrill[θril] 스릴, bathe[beið] 베이드
2. 어말의 [ʃ]는 '시'로 적고, 자음 앞의 [ʃ]는 '슈'로, 모음 앞의 [ʃ]는 뒤따르는 모음에 따라 '샤', '섀', '셔', '셰', '쇼', '슈', '시'로 적는다.
flash[flæʃ] 플래시, shrub[ʃrʌb] 슈러브, shark[ʃɑ：k] 샤크, shank[ʃæŋk] 섕크
fashion[fæʃən] 패션, sheriff[ʃerif] 셰리프, shopping[ʃɔpiŋ] 쇼핑, shoe[ʃu：] 슈
shim[ʃim] 심

3. 어말 또는 자음 앞의 [ʒ]는 '지'로 적고, 모음 앞의 [ʒ]는 'ㅈ'으로 적는다.

mirage[mirɑ：ʒ] 미라지, vision[viʒən] 비전

제4항 파찰음([ts], [dz], [tʃ], [dʒ])

1. 어말 또는 자음 앞의 [ts], [dz]는 '츠', '즈'로 적고, [tʃ], [dʒ]는 '치', '지'로 적는다.

Keats[ki：ts] 키츠, odds[ɔdz] 오즈, switch[switʃ] 스위치, bridge[bridʒ] 브리지

Pittsburgh[pitsbə：g] 피츠버그, hitchhike[hitʃhaik] 히치하이크

2. 모음 앞의 [tʃ], [dʒ]는 'ㅊ', 'ㅈ'으로 적는다.

chart[tʃɑ：t] 차트, virgin[və：dʒin] 버진

제5항 비음([m], [n], [ŋ])

1. 어말 또는 자음 앞의 비음은 모두 받침으로 적는다.

steam[sti：m] 스팀, corn[kɔ：n] 콘, ring[riŋ] 링, lamp[læmp] 램프, hint[hint]힌트

ink[iŋk] 잉크

2. 모음과 모음 사이의 [ŋ]은 앞 음절의 받침 'ㅇ'으로 적는다.

hanging[hæŋiŋ] 행잉, longing[lɔŋiŋ] 롱잉

제6항 유음([l])

1. 어말 또는 자음 앞의 [l]은 받침으로 적는다.

hotel[houtel] 호텔, pulp[pʌlp] 펄프

2. 어중의 [l]이 모음 앞에 오거나, 모음이 따르지 않는 비음([m], [n])앞에 올 때에는 'ㄹㄹ'로 적는다. 다만, 비음([m], [n]) 뒤의 [l]은 모음 앞에 오더라도 'ㄹ'로 적는다.

slide[slaid] 슬라이드, film[film] 필름, helm[helm] 헬름, swoln[swouln] 스월른
Hamlet[hæmlit] 햄릿, Henley[henli] 헨리

제7항 장모음

장모음의 장음은 따로 표기하지 않는다.

team[ti : m] 팀, route[ru : t] 루트

제8항 중모음[1]([ai], [au], [ei], [ɔi], [ou], [auə])

중모음은 각 단모음의 음가를 살려서 적되, [ou]는 '오'로, [auə]는 '아워'로 적는다.

time[taim] 타임, house[haus] 하우스, skate[skeit] 스케이트, oil[ɔil] 오일
boat[bout] 보트, tower[tauə] 타워

제9항 반모음([w], [j])

1. [w]는 뒤따르는 모음에 따라 [wə], [wɔ], [wou]는 '워', [wɑ]는 '와', [wæ]는 '왜', [we]는 '웨', [wi]는 '위', [wu]는 '우'로 적는다.
   word[wə : d] 워드, want[wɔnt] 원트, woe[wou] 워, wander[wɑndə] 완더
   wag[wæg] 왜그, west[west] 웨스트, witch[witʃ] 위치, wool[wul] 울
2. 자음 뒤에 [w]가 올 때에는 두 음절로 갈라 적되, [gw], [hw], [kw]는 한 음절로 붙여 적는다.
   swing[swiŋ] 스윙, twist[twist] 트위스트, penguin[peŋgwin]

---

1) 이 '중모음(重母音)'은 '이중 모음(二重母音)'으로, '중모음(中母音)'과 혼동하지 않도록 한다.

펭귄, whistle[hwisl] 휘슬

quarter[kwɔ：tə] 쿼터

3. 반모음 [j]는 뒤따르는 모음과 합쳐 '야', '얘', '여', '예', '요', '유', '이'로 적는다. 다만, [d], [l], [n] 다음에 [jə]가 올 때에는 각각 '디어', '리어', '니어'로 적는다.

yard[jɑ：d] 야드, yank[jæŋk] 얭크, yearn[jə：n] 연, yellow[jelou] 옐로

yawn[jɔ：n] 욘, you[ju：] 유, year[jiə] 이어, Indian[indjən] 인디언

battalion[bətæljən] 버탤리언, union[ju：njən] 유니언

제10항 복합어

1. 따로 설 수 있는 말의 합성으로 이루어진 복합어는 그것을 구성하고 있는 말이 단독으로 쓰일 때의 표기대로 적는다.

cuplike[kʌplaik] 컵라이크, bookend[bukend] 북엔드, headlight[hedlait] 헤드라이트

touchwood[tʌtʃwud] 터치우드, sit-in[sitin] 싯인, bookmaker[bukmeikə] 북메이커

flashgun[flæʃgʌn] 플래시건, topknot[tɔpnɔt] 톱놋

2. 원어에서 띄어 쓴 말은 띄어 쓴 대로 한글 표기를 하되, 붙여 쓸 수도 있다.

Los Alamos[lɔs æləmous] 로스 앨러모스/로스앨러모스

top class[tɔpklæs] 톱 클래스/톱클래스

제2절 독일어의 표기

[표 1]을 따르고, 제1절(영어의 표기 세칙)을 준용한다. 다만, 독일어의 독특한 것은 그 특징을 살려서 다음과 같이 적는다.

제1항 [r]

1. 자음 앞의 [r]는 '으'를 붙여 적는다.
   Hormon[hɔrmo：n] 호르몬, Hermes[hɛrmɛs] 헤르메스
2. 어말의 [r]와 '-er[∂r]'는 '어'로 적는다.
   Herr[hɛr] 헤어, Razur[razu：r] 라주어, Tür[ty：r] 튀어, Ohr[o：r] 오어
   Vater[fa：t∂r] 파터, Schiller[ʃil∂r] 실러
3. 복합어 및 파생어의 선행 요소가 [r]로 끝나는 경우는 2의 규정을 준용한다.
   verarbeiten[fɛrarbait∂n] 페어아르바이텐
   zerknirschen[tsɛrknirʃ∂n] 체어크니르셴
   Fürsorge[fy：rzorgə] 퓌어조르게
   Vorbild[fo：rbilt] 포어빌트
   auβerhalb[ausərhalp] 아우서할프
   Urkunde[u：rkundə] 우어쿤데
   Vaterland[fa：tərlant] 파터란트

제2항 어말의 파열음은 '으'를 붙여 적는 것을 원칙으로 한다.

Rostock[rɔstɔk] 로스토크, Stadt[ʃtat] 슈타트

제3항 철자 'berg', 'burg'는 '베르크', '부르크'로 통일해서 적는다.

Heidelberg[haidəlbɛrk, -bɛrç] 하이델베르크
Hamburg[hamburk, -burç] 함부르크

제4항 [ʃ]

1. 어말 또는 자음 앞에서는 '슈'로 적는다.
   Mensch[menʃ] 멘슈, Mischling[miʃliŋ] 미슐링
2. [y], [φ] 앞에서는 'ㅅ'으로 적는다.
   Schüler[ʃyːlər] 쉴러, schön[ʃφːn] 쇤
3. 그 밖의 모음 앞에서는 뒤따르는 모음에 따라 '샤, 쇼, 슈' 등으로 적는다.
   Schatz[ʃats] 샤츠, schon[ʃoːn] 숀, Schule[ʃuːlə] 슐레, Schelle[ʃɛlə] 셸레

제5항 [ɔy]로 발음되는 äu, eu는 '오이'로 적는다.

läuten[lɔytən] 로이텐, Fräulein[frɔylain] 프로일라인, Europa[ɔyroːpa] 오이로파
Freundin[frɔyndin] 프로인딘

제3절 프랑스 어의 표기

[표 1]에 따르고, 제1절(영어의 표기 세칙)을 준용한다. 다만, 프랑스 어의 독특한 것은 그 특징을 살려서 다음과 같이 적는다.

제1항 파열음([p], [t], [k]; [b], [d], [g])

1. 어말에서는 '으'를 붙여서 적는다.
   soupe[sup] 수프, tête[tɛt] 테트, avec[avɛk] 아베크, baobab[baɔbab] 바오바브
   ronde[rɔːd] 롱드, bague[bag] 바그
2. 구강 모음과 무성 자음 사이에 오는 무성 파열음('구강 모음+무성 파열음+무성 파열음 또는 무성 마찰음'의 경우)은 받침으로

적는다.

septembre[sɛptɑ : br] 셉탕브르, apte[apt] 압트,

octobre[ɔktɔbr] 옥토브르

action[aksjɔ] 악시옹

제2항 마찰음([ʃ], [ʒ])

1. 어말과 자음 앞의 [ʃ], [ʒ]는 '슈', '주'로 적는다.

manche[mɑ : ʃ] 망슈, piège[pjɛ : ʒ] 피에주, acheter[aʃte] 아슈테, dégeler[deʒle] 데줄레

2. [ʃ]가 [ə], [w] 앞에 올 때에는 뒤따르는 모음과 합쳐 '슈'로 적는다.

chemise[ʃəmi : z] 슈미즈, chevalier[ʃəvalje] 슈발리에,

choix[ʃwa] 슈아, chouette[ʃwɛt] 슈에트

3. [ʃ]가 [y], [œ], [φ] 및 [j], [ɥ] 앞에 올 때에는 'ㅅ'으로 적는다.

chute[ʃyt] 쉬트, chuchoter[ʃyʃɔte] 쉬쇼테, pêcheur[pɛʃœ : r] 페쇠르

shunt[ʃœ : t] 쇵트, fâcheux[fɑʃφ] 파쇠, chien[ʃjɛ] 시앵,

chuinter[ʃɥɛte] 쉬앵테

제3항 비자음([ɲ])

1. 어말과 자음 앞의 [ɲ]는 '뉴'로 적는다.

campagne[kɑpaɲ] 캉파뉴, dignement[diɲmɑ] 디뉴망

2. [ɲ]가 '아, 에, 오, 우' 앞에 올 때에는 뒤따르는 모음과 합쳐 각각 '냐, 녜, 뇨, 뉴'로 적는다.

saignant[sɛɲɑ] 세냥, peigner[peɲe] 페녜, agneau[aɲo] 아뇨,

mignon[miɲɔ] 미뇽

3. [ɲ]가 [ə], [w] 앞에 올 때에는 뒤따르는 소리와 합쳐 '뉴'로 적는다.

lorgnement[lɔrɲəmɑ] 로르뉴망, baignoire[bɛɲwa : r] 베뉴아르

4. 그 밖의 [ɲ]는 'ㄴ'으로 적는다.

magnifique[maɲifik] 마니피크, guignier[giɲje] 기니에, gagneur[gaɲœ : r] 가뇌르

montagneux[mɔtaɲφ] 몽타뇌, peignures[pɛɲy : r] 페뉘르

제4항 반모음([j])

1. 어말에 올 때에는 '유'로 적는다.

Marseille[marsɛj] 마르세유, taille[tɑ : j] 타유

2. 모음 사이의 [j]는 뒤따르는 모음과 합쳐 '예, 얭, 야, 양, 요, 용, 유, 이' 등으로 적는다. 다만, 뒷모음이 [φ], [œ]일 때에는 '이'로 적는다.

payer[peje] 페예, billet[bijɛ] 비예, moyen[mwajɛ] 무아얭, pleiade[plejad] 플레야드

ayant[ɛjɑ] 에양, noyau[nwajo] 누아요, crayon[krɛjɔ] 크레용, voyou[vwaju] 부아유

cueillir[kœji : r] 쾨이르, aïeul[ajœl] 아이욀, aïeux[ajφ] 아이외

3. 그 밖의 [j]는 '이'로 적는다.

hier[jɛ : r] 이에르, Montesquieu[mɔtɛskjφ] 몽테스키외, champion[ʃɑpjɔ] 샹피옹, diable[djɑ : bl] 디아블

제5항 반모음([w])

[w]는 '우'로 적는다.

alouette[alwɛt] 알루에트, douane[dwan] 두안, quoi[kwa] 쿠아, toi[twa] 투아

제4절 에스파냐 어의 표기

[표 2]에 따라 적되, 다음과 같은 특징을 살려서 적는다.

제1항 gu, qu

gu, qu는 i, e 앞에서는 각각 'ㄱ, ㅋ'으로 적고, o 앞에서는 '구, 쿠'로 적는다. 다만, a 앞에서는 그 a와 합쳐 '과, 콰'로 적는다.

guerra 게라, queso 케소, Guipuzcoa 기푸스코아, quisquilla 키스키야, antiguo 안티구오

Quorem 쿠오렘, Nicaragua 니카라과, Quarai 콰라이

제2항 같은 자음이 겹치는 경우에는 겹치지 않은 경우와 같이 적는다. 다만, -cc-는 'ㄱㅅ'으로 적는다.

carrera 카레라, carreterra 카레테라, accion 악시온

제3항 c, g

c와 g 다음에 모음 e와 i가 올 때에는 c는 'ㅅ'으로, g는 'ㅎ'으로 적고, 그 외는 'ㅋ'과 'ㄱ'으로 적는다.

Cecilia 세실리아, cifra 시프라, georgico 헤오르히코, giganta 히간타, coquito 코키토

gato 가토

제4항 x

x가 모음 앞에 오되 어두일 때에는 'ㅅ'으로 적고, 어중일 때에는 'ㄱㅅ'으로 적는다.

xilofono 실로포노, laxante 락산테

제5항 l

어말 또는 자음 앞의 l은 받침 'ㄹ'로 적고, 어중의 1이 모음 앞에 올 때에는 'ㄹㄹ'로 적는다.

ocal 오칼, colcren 콜크렌, blandon 블란돈, Cecilia 세실리아

제6항 nc, ng

c와 g 앞에 오는 n은 받침 'ㅇ'으로 적는다.

blanco 블랑코, yungla 융글라

제5절 이탈리아 어의 표기

[표 3]에 따르고, 다음과 같은 특징을 살려서 적는다.

제1항 gl

i 앞에서는 'ㄹㄹ'로 적고, 그 밖의 경우에는 '글ㄹ'로 적는다.

paglia 팔리아, egli 엘리, gloria 글로리아, glossa 글로사

제2항 gn

뒤따르는 모음과 합쳐 '냐', '녜', '뇨', '뉴', '니'로 적는다.

montagna 몬타냐, gneiss 녜이스, gnocco 뇨코, gnu 뉴, ogni 오니

제3항 sc

sce는 '셰'로, sci는 '시'로 적고, 그 밖의 경우에는 '스ㅋ'으로 적는다.

crescendo 크레셴도, scivolo 시볼로, Tosca 토스카, scudo 스쿠도

제4항 같은 자음이 겹쳤을 때에는 겹치지 않은 경우와 같이 적는다. 다만, -mm-, -nn- 의 경우는 'ㅁㅁ', 'ㄴㄴ'으로 적는다.

Puccini 푸치니, buffa 부파, allegretto 알레그레토, carro 카로,

rosso 로소

mezzo 메초, gomma 곰마, bisnonno 비스논노

제5항 c, g

1. c와 g는 e, i 앞에서 각각 'ㅊ', 'ㅈ'으로 적는다.

   cenere 체네레, genere 제네레, cima 치마, gita 지타

2. c와 g 다음에 ia, io, iu가 올 때에는 각각 '차, 초, 추', '자, 조, 주'로 적는다.

   caccia 카차, micio 미초, ciuffo 추포, giardino 자르디노, giorno 조르노, giubba 주바

제6항 qu

qu는 뒤따르는 모음과 합쳐 '콰, 퀘, 퀴' 등으로 적는다. 다만, o 앞에서는 '쿠'로 적는다.

soqquadro 소콰드로, quello 퀠로, quieto 퀴에토, quota 쿠오타

제7항 l, ll

어말 또는 자음 앞의 l, ll은 받침으로 적고, 어중의 l, ll이 모음 앞에 올 때에는 'ㄹㄹ'로 적는다.

sol 솔, polca 폴카, Carlo 카를로, quello 퀠로

제6절 일본어의 표기

[표 4]에 따르고, 다음 사항에 유의하여 적는다.

제1항 촉음(促音) [ッ]는 'ㅅ'으로 통일해서 적는다.

ッポロ 삿포로, トットリ 돗토리, ヨッカイチ 욧카이치

제2항 장모음

장모음은 따로 표기하지 않는다.

キュウシュウ(九州) 규슈, ニイガタ(新潟) 니가타, トウキョウ(東京) 도쿄, オオサカ(大阪) 오사카

제7절 중국어의 표기

[표] 5에 따르고, 다음 사항에 유의하여 적는다.

제1항 성조는 구별하여 적지 아니한다.

제2항 'ㅈ, ㅉ, ㅊ'으로 표기되는 자음(, , ㄑ, ㄔ,) 뒤의 'ㅑ, ㅖ, ㅛ, ㅠ' 음은 'ㅏ, ㅔ, ㅗ, ㅜ'로 적는다.

쟈→자 졔→제

제8절 폴란드 어의 표기

[표 6]에 따르고, 다음과 같은 특징을 살려서 적는다.

제1항 k, p

어말과 유성 자음 앞에서는 '으'를 붙여 적고, 무성 자음 앞에서는 받침으로 적는다.

zamek 자메크, mokry 모크리, Słupsk 스웁스크

제2항 b, d, g

1. 어말에 올 때에는 '프', '트', '크'로 적는다.

   od 오트

2. 유성 자음 앞에서는 ‘브’, ‘드’, ‘그’로 적는다.
zbrodnia 즈브로드니아
3. 무성 자음 앞에서 b, g는 받침으로 적고, d는 ‘트’로 적는다.
Grabski 그랍스키, odpis 오트피스

제3항 w, z, ź, dz, ż, rz, sz
1. w, z, ź, dz가 무성 자음 앞이나 어말에 올 때에는 ‘프, 스, 시, 츠’로 적는다.
zabawka 자바프카, obraz 오브라스
2. ż와 rz는 모음 앞에 올 때에는 ‘ㅈ’으로 적되, 앞의 자음이 무성 자음일 때에는 ‘시’로 적는다. 유성 자음 앞에 올 때에는 ‘주’, 무성 자음 앞에 올 때에는 ‘슈’, 어말에 올 때에는 ‘시’로 적는다.
Rzeszów 제슈프, Przemyśl 프셰미실, grzmot 그주모트, óżko 우슈코, pęcherz 펭헤시
3. sz는 자음 앞에서는 ‘슈’, 어말에서는 ‘시’로 적는다.
koszt 코슈트, kosz 코시

제4항 ł
1. ł는 뒤따르는 모음과 결합할 때 합쳐서 적는다.(ło는 ‘워’로 적는다.) 다만, 자음 뒤에 올 때에는 두 음절로 갈라 적는다.
łono 워노, głowa 그워바
2.ół는 ‘우’로 적는다.
przjyaciół 프시야치우

제5항 l
어중의 l이 모음 앞에 올 때에는 ‘ㄹㄹ’로 적는다.
olej 올레이

제6항 m

어두의 m이 l, r 앞에 올 때에는 '으'를 붙여 적는다.

mleko 믈레코, mrówka 므루프카

제7항 ę

ę은 '엥'으로 적는다. 다만, 어말의 ę는 '에'로 적는다.

ręka 렝카, proszę 프로셰

제8항 'ㅈ', 'ㅊ'으로 표기되는 자음(c, z) 뒤의 이중 모음은 단모음으로 적는다.

stacja 스타차, fryzjer 프리제르

제9절 체코 어의 표기

[표 7]에 따르고, 다음과 같은 특징을 살려서 적는다.

제1항 k, p

어말과 유성 자음 앞에서는 '으'를 붙여 적고, 무성 자음 앞에서는 받침으로 적는다.

mozek 모제크, koroptev 코롭테프

제2항 b, d, d', g

1. 어말에 올 때에는 '프', '트', '티', '크'로 적는다.
   led 레트
2. 유성 자음 앞에서는 '브', '드', '디', '그'로 적는다.
   ledvina 레드비나
3. 무성 자음 앞에서 b, g는 받침으로 적고, d, d'는 '트', '티'로 적는다.

obchod 옵호트, odpadky 오트파트키

제3항 v, w, z, ř, ž, š

1. v, w, z가 무성 자음 앞이나 어말에 올 때에는 '프, 프, 스'로 적는다.
   hmyz 흐미스
2. ř, ž가 유성 자음 앞에 올 때에는 '르주', '주', 무성 자음 앞에 올 때에는 '르슈', '슈', 어말에 올 때에는 '르시', '시'로 적는다.
   námořník 나모르주니크, hořký 호르슈키, kouř 코우르시
3. š는 자음 앞에서는 '슈', 어말에서는 '시'로 적는다.
   puška 푸슈카, myš 미시

제4항 l, lj

어중의 l, lj가 모음 앞에 올 때에는 'ㄹㄹ', 'ㄹ리'로 적는다.

kolo 콜로

제5항 m

m이 r 앞에 올 때에는 '으'를 붙여 적는다.

humr 후므르

제6항 자음에 '예'가 결합되는 경우에는 '예' 대신에 '에'로 적는다. 다만, 자음이 'ㅅ'인 경우에는 '셰'로 적는다.

věk 베크, šest 셰스트

제10절 세르보크로아트 어의 표기

[표 8]에 따르고, 다음과 같은 특징을 살려서 적는다.

제1항 k, p

k, p는 어말과 유성 자음 앞에서는 '으'를 붙여 적고, 무성 자음 앞에서는 받침으로 적는다.

jastuk 야스투크, opština 옵슈티나

제2항 l

어중의 l이 모음 앞에 올 때에는 'ㄹㄹ'로 적는다.

kula 쿨라

제3항 m

어두의 m이 l, r, n 앞에 오거나 어중의 m이 r 앞에 올 때에는 '으'를 붙여 적는다.

mlad 믈라드, mnogo 므노고, smrt 스므르트

제4항 š

š는 자음 앞에서는 '슈', 어말에서는 '시'로 적는다.

šljivovica 슐리보비차, Niš 니시

제5항 자음에 '예'가 결합되는 경우에는 '예' 대신에 '에'로 적는다. 다만, 자음이 'ㅅ'인 경우에는 '셰'로 적는다.

bjedro 베드로, sjedlo 셰들로

제11절 루마니아 어의 표기

[표 9]에 따르고, 다음과 같은 특징을 살려서 적는다.

제1항 c, p

어말과 유성 자음 앞에서는 '으'를 붙여 적고, 무성 자음 앞에서는 받침으로 적는다.

cap 카프, Cîntec 큰테크, factură 팍투러, septembrie 셉템브리에

제2항 c, g

c, g는 e, i 앞에서는 각각 'ㅊ', 'ㅈ'으로, 그 밖의 모음 앞에서는 'ㅋ', 'ㄱ'으로 적는다.

cap 카프, centru 첸트루, Galaţi 갈라치, Gigel 지젤

제3항 l

어중의 l이 모음 앞에 올 때에는 'ㄹㄹ'로 적는다.

clei 클레이

제4항 n

n이 어말에서 m 뒤에 올 때는 '으'를 붙여 적는다.

lemn 렘느, pumn 품느

제5항 e

e는 '에'로 적되, 인칭 대명사 및 동사 este, era 등의 어두 모음 e는 '예'로 적는다.

Emil 에밀, eu 예우, el 옐, este 예스테, era 예라

제12절 헝가리 어의 표기

[표 10]에 따르고, 다음과 같은 특징을 살려서 적는다.

제1항 k, p

어말과 유성 자음 앞에서는 '으'를 붙여 적고, 무성 자음 앞에서는 받침으로 적는다.

ablak 어블러크, csipke 칩케

제2항 bb, cc, dd, ff, gg, ggy, kk, ll, lly, nn, nny, pp, rr, ss, ssz, tt, tty는 b, c, d, f, g, gy, k, l, ly, n, ny, p, r, s, sz, t, ty와 같이 적는다. 다만, 어중의 nn, nny와 모음 앞의 ll은 'ㄴㄴ', 'ㄴ니', 'ㄹㄹ'로 적는다.

között 쾨죄트, dinnye 딘네, nulla 눌러

제3항 l

어중의 l이 모음 앞에 올 때에는 'ㄹㄹ'로 적는다.

olaj 올러이

제4항 s

s는 자음 앞에서는 '슈', 어말에서는 '시'로 적는다.

Pest 페슈트, lapos 러포시

제5항 자음에 '예'가 결합되는 경우에는 '예' 대신에 '에'로 적는다. 다만, 자음이 'ㅅ'인 경우에는 '셰'로 적는다.

nyer 네르, selyem 셰옘

제13절 스웨덴 어의 표기

[표 11]에 따르고, 다음과 같은 특징을 살려서 적는다.

제1항
1. b, g가 무성 자음 앞에 올 때에는 받침 'ㅂ, ㄱ'으로 적는다.
   snabbt 스납트, högst 획스트
2. k, ck, p, t는 무성 자음 앞에서 받침 'ㄱ, ㄱ, ㅂ, ㅅ'으로 적는다.
   oktober 옥토베르, Stockholm 스톡홀름, Uppsala 웁살라, Botkyrka 봇쉬르카

제2항 c는 'ㅋ'으로 적되, e, i, ä, y, ö 앞에서는 'ㅅ'으로 적는다.
campa 캄파, Celsius 셀시우스

제3항 g
1. 모음 앞의 g는 'ㄱ'으로 적되, e, i, ä, y, ö 앞에서는 '이'로 적고 뒤따르는 모음과 합쳐 적는다.
   Gustav 구스타브, Göteborg 예테보리
2. lg, rg의 g는 '이'로 적는다.
   lg 엘리, Borg 보리
3. n 앞의 g는 'ㅇ'으로 적는다.
   Magnus 망누스
4. 무성 자음 앞의 g는 받침 'ㄱ'으로 적는다.
   högst 획스트
5. 그 밖의 자음 앞과 어말에서는 '그'로 적는다.
   Ludvig 루드비그, Greta 그레타

제4항 j는 자음과 모음 사이에 올 때에 앞의 자음과 합쳐서 적는다.
fjäril 피에릴, mjuk 미우크, kedja 셰디아, Björn 비에른

제5항 k는 'ㅋ'으로 적되, e, i, ä, y, ö 앞에서는 '시'로 적고 뒤따르는

모음과 합쳐 적는다.

Kungsholm 쿵스홀름, Norrköping 노르셰핑

제6항 어말 또는 자음 앞의 l은 받침 'ㄹ'로 적고, 어중의 l이 모음 앞에 올 때에는 'ㄹㄹ'로 적는다.

folk 폴크, tal 탈, tala 탈라

제7항 어두의 lj는 '이'로 적되 뒤따르는 모음과 합쳐 적고, 어중의 lj는 'ㄹ리'로 적는다.

Ljusnan 유스난, Södertälje 쇠데르텔리에

제8항 n은 어말에서 m 다음에 올 때 적지 않는다.

Karlshamn 칼스함, namn 남

제9항 nk는 자음 t 앞에서는 'ㅇ'으로, 그 밖의 경우에는 'ㅇ크'로 적는다.

anka 앙카, Sankt 상트, punkt 풍트, bank 방크

제10항 sk는 '스ㅋ'으로 적되 e, i, ä, y, ö 앞에서는 '시'로 적고, 뒤따르는 모음과 합쳐 적는다.

Skoglund 스코글룬드, skuldra 스쿨드라, skål 스콜, körd 셰르드, skydda 쉬다

제11항 ö는 '외'로 적되 g, j, k, kj, lj, skj 다음에서는 '에'로 적고, 앞의 '이' 또는 '시'와 합쳐서 적는다. 다만, jö 앞에 그 밖의 자음이 올 때에는 j는 앞의 자음과 합쳐 적고, ö는 '에'로 적는다.

Örebro 외레브로, Göta 예타, Jönköping 옌셰핑, Björn 비에른, Björling 비엘링, mjöl 미엘

제12항 같은 자음이 겹치는 경우에는 겹치지 않은 경우와 같이 적는다.

단, mm, nn은 모음 앞에서 'ㅁㅁ', 'ㄴㄴ'으로 적는다.

Kattegatt 카테가트, Norrköping 노르셰핑, Uppsala 웁살라, Bromma 브롬마

Dannemora 단네모라

제14절 노르웨이 어의 표기

[표 12]에 따르고, 다음과 같은 특징을 살려서 적는다.

제1항

1. b, g가 무성 자음 앞에 올 때에는 받침 'ㅂ, ㄱ'으로 적는다.
   Ibsen 입센, sagtang 삭탕
2. k, p, t는 무성 자음 앞에서 받침 'ㄱ, ㅂ, ㅅ'으로 적는다.
   lukt 룩트, september 셉템베르, husets 후셋스

제2항 c는 'ㅋ'으로 적되, e, i, y, æ, ø 앞에서는 'ㅅ'으로 적는다.

Jacob 야코브, Vincent 빈센트

제3항 d

1. 모음 앞의 d는 'ㄷ'으로 적되, 장모음 뒤에서는 적지 않는다.
   Bodø 보되, Norden 노르덴
   (장모음 뒤) spade 스파에
2. ld, nd의 d는 적지 않는다.
   Harald 하랄, Aasmund 오스문
3. 장모음+rd의 d는 적지 않는다.
   fjord 피오르, nord 노르, Halvard 할바르

4. 단모음+rd의 d는 어말에서는 '드'로 적는다.
   ferd 페르드, mord 모르드
5. 장모음+d의 d는 적지 않는다.
   glad 글라, Sjaastad 쇼스타
6. 그 밖의 경우에는 '드'로 적는다.
   dreng 드렝, bad 바드

※ 모음의 장단에 대해서는 노르웨이 어의 발음을 보여 주는 사전을 참조하여야 한다.

제4항 g

1. 모음 앞의 g는 'ㄱ'으로 적되 e, i, y, æ, ø 앞에서는 '이'로 적고 뒤따르는 모음과 합쳐 적는다.
   god 고드, gyllen 윌렌
2. g는 이중 모음 뒤와 ig, lig에서는 적지 않는다.
   haug 헤우, deig 데이, Solveig 솔베이, fattig 파티, farlig 팔리
3. n 앞의 g는 'ㅇ'으로 적는다.
   Agnes 앙네스, Magnus 망누스
4. 무성 자음 앞의 g는 받침 'ㄱ'으로 적는다.
   sagtang 삭탕
5. 그 밖의 자음 앞과 어말에서는 '그'로 적는다.
   berg 베르그, helg 헬그, Grieg 그리그

제5항 j는 자음과 모음 사이에 올 때에 앞의 자음과 합쳐서 적는다.

Bjørn 비에른, fjord 피오르, Skodje 스코디에, Evje 에비에, Tjeldstø 티엘스퇴

제6항 k는 'ㅋ'으로 적되 e, i, y, æ, φ 앞에서는 '시'로 적고, 뒤따르는 모음과 합쳐 적는다.

Rikard 리카르드, Kirsten 시르스텐

제7항 어말 또는 자음 앞의 l은 받침 'ㄹ'로 적고, 어중의 l이 모음 앞에 올 때에는 'ㄹㄹ'로 적는다.

sol 솔, Quisling 크비슬링

제8항 nk는 자음 t 앞에서는 'ㅇ'으로, 그 밖의 경우에는 'ㅇ크'로 적는다.

punkt 풍트, bank 방크

제9항 sk는 '스ㅋ'로 적되, e, i, y, æ, φ 앞에서는 '시'로 적고 뒤따르는 모음과 합쳐 적는다.

skatt 스카트, Skienselv 시엔스엘브

제10항 t

1. 어말 관사 et의 t는 적지 않는다.
   huset 후세, møtet 뫼테, taket 타케
2. 다만, 어말 관사 et에 s가 첨가되면 받침 'ㅅ'으로 적는다.
   husets 후셋스

제11항 eg

1. eg는 n, l 앞에서 '에이'로 적는다.
   regn 레인, tegn 테인, negl 네일
2. 그 밖의 경우에는 '에그'로 적는다.
   deg 데그, egg 에그

제12항 ø는 '외'로 적되, g, j, k, kj, lj, skj 다음에서는 '에'로 적고 앞의 '이' 또는 '시'와 합쳐서 적는다. 다만, jø 앞에 그 밖의 자음이 올 때에는 j는 앞의 자음과 합쳐 적고 ø는 '에'로 적는다.

Bodø 보되, Gjøvik 예비크, Bjørn 비에른

제13항 같은 자음이 겹치는 경우에는 겹치지 않은 경우와 같이 적는다. 단, mm, nn은 모음 앞에서 'ㅁㅁ', 'ㄴㄴ'으로 적는다.

Moss 모스, Mikkjel 미셸, Matthias 마티아스, Hammerfest 함메르페스트

제15절 덴마크 어의 표기

[표 13]에 따르고, 다음과 같은 특징을 살려서 적는다.

제1항

1. b는 무성 자음 앞에서 받침 'ㅂ'으로 적는다.
   Jacobsen 야콥센, Jakobsen 야콥센
2. k, p, t는 무성 자음 앞에서 받침 'ㄱ, ㅂ, ㅅ'으로 적는다.
   insekt 인섹트, september 셉템베르, nattkappe 낫카페

제2항 c는 'ㅋ'으로 적되, e, i, y, æ, ø 앞에서는 'ㅅ'으로 적는다.

campere 캄페레, centrum 센트룸

제3항 d

1. ds, dt, ld, nd, rd의 d는 적지 않는다.
   plads 플라스, kridt 크리트, fødte 푀테, vold 볼, Kolding 콜링, Öresund 외레순

Jylland 윌란, hård 호르, bord 보르, nord 노르

2. 다만, ndr의 d는 'ㄷ'로 적는다.

andre 안드레, vandre 반드레

3. 그 밖의 경우에는 'ㄷ'로 적는다.

dreng 드렝

제4항 g

1. 어미 ig의 g는 적지 않는다.

vældig 벨디, mandig 만디, herlig 헤를리, lykkelig 뤼켈리, Grundtvig 그룬트비

2. u와 l 사이의 g는 적지 않는다.

fugl 풀, kugle 쿨레

3. borg, berg의 g는 적지 않는다.

Nyborg 뉘보르, Esberg 에스베르, Frederiksberg 프레데릭스베르

4. 그 밖의 자음 앞과 어말에서는 '그'로 적는다.

magt 마그트, dug 두그

제5항 j는 자음과 모음 사이에 올 때에 앞의 자음과 합쳐서 적는다.

Esbjerg 에스비에르그, Skjern 스키에른, Kjellerup 키엘레루프, Fjellerup 피엘레루프

제6항 어말 또는 자음 앞의 l은 받침 'ㄹ'로 적고, 어중의 l이 모음 앞에 올 때에는 'ㄹㄹ'로 적는다.

Holstebro 홀스테브로, Lolland 롤란

제7항 v

1. 모음 앞의 v는 'ㅂ'으로 적되, 단모음 뒤에서는 '우'로 적는다.
   Vejle 바일레, dvale 드발레, pulver 풀베르, rive 리베, lyve 뤼베, løve 뢰베
   doven 도우엔, hoven 호우엔, oven 오우엔, sove 소우에
2. lv의 v는 묵음일 때 적지 않는다.
   halv 할, gulv 굴
3. av, æv, øv, ov, ev에서는 '우'로 적는다.
   gravsten 그라우스텐, havn 하운, København 쾨벤하운, Thorshavn 토르스하운
   jævn 예운, Støvle 스퇴울레, lov 로우, rov 로우, Hjelmslev 옐름슬레우
4. 그 밖의 경우에는 '브'로 적는다.
   arv 아르브

※ 묵음과 모음의 장단에 대해서는 덴마크 어의 발음을 보여 주는 사전을 참조하여야 한다.

제8항 같은 자음이 겹치는 경우에는 겹치지 않은 경우와 같이 적는다.
lykkelig 뤼켈리, hoppe 호페, Hjørring 예링, blomme 블로메, Rønne 뢰네

제4장 인명, 지명 표기의 원칙

제1절 표기 원칙

제1항 외국의 인명, 지명의 표기는 제1장, 제2장, 제3장의 규정을 따르

는 것을 원칙으로 한다.

제2항 제3장에 포함되어 있지 않은 언어권의 인명, 지명은 원지음을 따르는 것을 원칙으로 한다.

Ankara 앙카라, Gandhi 간디

제3항 원지음이 아닌 제3국의 발음으로 통용되고 있는 것은 관용을 따른다.

Hague 헤이그, Caesar 시저

제4항 고유 명사의 번역명이 통용되는 경우 관용을 따른다.

Pacific Ocean 태평양, Black Sea 흑해

제2절 동양의 인명, 지명 표기

제1항 중국 인명은 과거인과 현대인을 구분하여 과거인은 종전의 한자음대로 표기하고, 현대인은 원칙적으로 중국어 표기법에 따라 표기하되, 필요한 경우 한자를 병기한다.

제2항 중국의 역사 지명으로서 현재 쓰이지 않는 것은 우리 한자음대로 하고, 현재 지명과 동일한 것은 중국어 표기법에 따라 표기하되, 필요한 경우 한자를 병기한다.

제3항 일본의 인명과 지명은 과거와 현대의 구분 없이 일본어 표기법에 따라 표기하는 것을 원칙으로 하되, 필요한 경우 한자를 병기한다.

제4항 중국 및 일본의 지명 가운데 한국 한자음으로 읽는 관용이 있는

것은 이를 허용한다.

東京 도쿄, 동경, 京都 교토, 경도, 上海 상하이, 상해, 臺灣 타이완, 대만

黃河 황허, 황하

제3절 바다, 섬, 강, 산 등의 표기 세칙

제1항 '해', '섬', '강', '산' 등이 외래어에 붙을 때에는 띄어 쓰고, 우리말에 붙을 때에는 붙여 쓴다.

카리브 해, 북해, 발리 섬, 목요섬

제2항 바다는 '해(海)'로 통일한다.

홍해, 발트 해, 아라비아 해

제3항 우리 나라를 제외하고 섬은 모두 '섬'으로 통일한다.

타이완 섬, 코르시카 섬 (우리 나라 : 제주도, 울릉도)

제4항 한자 사용 지역(일본, 중국)의 지명이 하나의 한자로 되어 있을 경우, '강', '산', '호', '섬' 등은 겹쳐 적는다.

온타케 산(御岳), 주장 강(珠江), 도시마 섬(利島), 하야카와 강(早川), 위산 산(玉山)

제5항 지명이 산맥, 산, 강 등의 뜻이 들어 있는 것은 '산맥', '산', '강' 등을 겹쳐 적는다.

Rio Grande 리오그란데 강, Monte Rosa 몬테로사 산, Mont Blanc 몽블랑 산

Sierra Madre 시에라마드레 산맥

로마자 표기법

제1장 표기의 기본 원칙

제1항 국어의 로마자 표기는 국어의 표준 발음법에 따라 적는 것을 원칙으로 한다.

제2항 로마자 이외의 부호는 되도록 사용하지 않는다.

제2장 표기 일람

제1항 모음은 다음 각 호와 같이 적는다.

1. 단모음

ㅏ	ㅓ	ㅗ	ㅜ	ㅡ	ㅣ	ㅐ	ㅔ	ㅚ	ㅟ
a	eo	o	u	eu	i	ae	e	oe	wi

2. 이중 모음

ㅑ	ㅕ	ㅛ	ㅠ	ㅒ	ㅖ	ㅘ	ㅙ	ㅝ	ㅞ	ㅢ
ya	yeo	yo	yu	yae	ye	wa	wae	wo	we	ui

[붙임 1] 'ㅢ'는 'ㅣ'로 소리 나더라도 'ui'로 적는다.

(보기)

광희문 Gwanghuimun

[붙임 2] 장모음의 표기는 따로 하지 않는다.

넓게[널게], 핥다[할따], 훑소[훌쏘], 떫지[떨:찌]

제2항 자음은 다음 각 호와 같이 적는다.

1. 파열음

ㄱ	ㄲ	ㅋ	ㄷ	ㄸ	ㅌ	ㅂ	ㅃ	ㅍ
g, k	kk	k	d, t	tt	t	b, p	pp	p

2. 파찰음

ㅈ	ㅉ	ㅊ
j	jj	ch

3. 마찰음

ㅅ	ㅆ	ㅎ
s	ss	h

4. 비음

ㄴ	ㅁ	ㅇ
n	m	ng

5. 유음

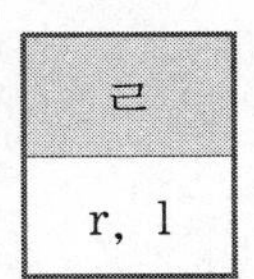

ㄹ
r, l

[붙임 1] 'ㄱ, ㄷ, ㅂ'은 모음 앞에서는 'g, d, b'로, 자음 앞이나 어말에서는 'k, t, p'로 적는다.([ ] 안의 발음에 따라 표기함.)

(보기)

구미 Gumi, 백암 Baegam, 합덕 Hapdeok, 월곶[월곧] Wolgot, 한밭[한받] Hanbat

영동 Yeongdong, 옥천 Okcheon, 호법 Hobeop, 벚꽃[벋꼳] beotkkot

[붙임 2] 'ㄹ'은 모음 앞에서는 'r'로, 자음 앞이나 어말에서는 'l'로 적는다. 단, 'ㄹㄹ'은 'll'로 적는다.

(보기)

구리 Guri, 설악 Seorak, 칠곡 Chilgok, 임실 Imsil, 울릉 Ulleung 대관령[대괄령] Daegwallyeong

제3장 표기상의 유의점

제1항 음운 변화가 일어날 때에는 변화의 결과에 따라 다음 각 호와 같이 적는다.

1. 자음 사이에서 동화 작용이 일어나는 경우

   (보기)

   백마[뱅마] Baengma, 신문로[신문노] Sinmunno, 종로[종노] Jongno

   왕십리[왕심니] Wangsimni, 별내[별래] Byeollae, 신라[실라] Silla

2. 'ㄴ, ㄹ'이 덧나는 경우

   (보기)

   학여울[항녀울] Hangnyeoul, 알약[알략] allyak

3. 구개음화가 되는 경우

   (보기)

   해돋이[해도지] haedoji, 같이[가치] gachi

4. 'ㄱ, ㄷ, ㅂ, ㅈ'이 'ㅎ'과 합하여 거센소리로 소리 나는 경우

(보기)

좋고[조코] joko, 놓다[노타] nota, 잡혀[자펴] japyeo, 낳지[나치] nachi

다만, 체언에서 'ㄱ, ㄷ, ㅂ' 뒤에 'ㅎ'이 따를 때에는 'ㅎ'을 밝혀 적는다.

(보기)

묵호 Mukho, 집현전 Jiphyeonjeon

[붙임] 된소리되기는 표기에 반영하지 않는다.

(보기)

압구정 Apgujeong, 낙동강 Nakdonggang, 죽변 Jukbyeon, 낙성대 Nakseongdae

합정 Hapjeong, 팔당 Paldang, 샛별 saetbyeol, 울산 Ulsan

제2항 발음상 혼동의 우려가 있을 때에는 음절 사이에 붙임표(-)를 쓸 수 있다.

(보기)

중앙 Jung-ang, 반구대 Ban-gudae, 세운 Se-un, 해운대 Hae-undae

제3항 고유 명사는 첫 글자를 대문자로 적는다.

(보기)

부산 Busan, 세종 Sejong

제4항 인명은 성과 이름의 순서로 띄어 쓴다. 이름은 붙여 쓰는 것을

원칙으로 하되 음절 사이에 붙임표(-)를 쓰는 것을 허용한다.(( )안의 표기를 허용함.)

(보기)

민용하 Min Yongha (Min Yong-ha), 송나리 Song Nari (Song Na-ri)

(1) 이름에서 일어나는 음운 변화는 표기에 반영하지 않는다.

(보기)

한복남 Han Boknam (Han Bok-nam), 홍빛나 Hong Bitna (Hong Bit-na)

(2) 성의 표기는 따로 정한다.

제5항 '도, 시, 군, 구, 읍, 면, 리, 동'의 행정 구역 단위와 '가'는 각각 'do, si, gun, gu, eup, myeon, ri, dong, ga'로 적고, 그 앞에는 붙임표(-)를 넣는다. 붙임표(-) 앞뒤에서 일어나는 음운 변화는 표기에 반영하지 않는다.

(보기)

충청북도 Chungcheongbuk-do, 제주도 Jeju-do,
의정부시 Uijeongbu-si
양주군 Yangju-gun, 도봉구 Dobong-gu,
신창읍 Sinchang-eup
삼죽면 Samjuk-myeon, 인왕리 Inwang-ri,
당산동 Dangsan-dong
봉천1동 Bongcheon 1(il)-dong, 종로 2가 Jongno 2(i)-ga,
퇴계로 3가 Toegyero 3(sam)-ga

[붙임] '시, 군, 읍'의 행정 구역 단위는 생략할 수 있다.

(보기)

청주시 Cheongju, 함평군 Hampyeong, 순창읍 Sunchang

제6항 자연 지물명, 문화재명, 인공 축조물명은 붙임표(-) 없이 붙여 쓴다.

(보기)

남산 Namsan, 속리산 Songnisan, 금강 Geumgang, 독도 Dokdo

경복궁Gyeongbokgung, 무량수전 Muryangsujeon,

연화교Yeonhwagyo

극락전 Geungnakjeon, 안압지 Anapji,

남한산성 Namhansanseong

화랑대 Hwarangdae, 불국사 Bulguksa, 현충사Hyeonchungsa,

독립문 Dongnimmun

오죽헌 Ojukheon, 촉석루 Chokseongnu, 종묘 Jongmyo,

다보탑 Dabotap

제7항 인명, 회사명, 단체명 등은 그동안 써 온 표기를 쓸 수 있다.

제8항 학술 연구 논문 등 특수 분야에서 한글 복원을 전제로 표기할 경우에는 한글 표기를 대상으로 적는다. 이때 글자 대응은 제2장을 따르되 'ㄱ, ㄷ, ㅂ, ㄹ'은 'g, d, b, l'로만 적는다. 음가 없는 'ㅇ'은 붙임표(-)로 표기하되 어두에서는 생략하는 것을 원칙으로 한다. 기타 분절의 필요가 있을 때에도 붙임표(-)를 쓴다.

(보기)

집 jib, 짚 jip, 밖 bakk, 값 gabs, 붓꽃 buskkoch,

먹는 meogneun, 독립 doglib

문리 munli, 물엿 mul-yeos, 굳이 gud-i, 좋다 johda,

가곡 gagog, 조랑말 jolangmal

없었습니다 eobs-eoss-seubnida

2. 유익한 몇몇 규정

제31항은 합성어에서 'ㅂ' 혹은 기식음 'ㅎ'이 덧나는 것을 표기에 적도록 한 규정이다.

> **제31항 두 말이 어울릴 적에 'ㅂ' 소리나 'ㅎ' 소리가 덧나는 것은 소리대로 적는다.**
>
> 1. 'ㅂ' 소리가 덧나는 것
> 댑싸리(대ㅂ싸리), 멥쌀(메ㅂ쌀), 볍씨(벼ㅂ씨), 입때(이ㅂ때), 입쌀(이ㅂ쌀), 접때(저ㅂ때), 좁쌀(조ㅂ쌀), 햅쌀(해ㅂ쌀)
>
> 2. 'ㅎ' 소리가 덧나는 것
> 머리카락(머리ㅎ가락), 살코기(살ㅎ고기), 수캐(수ㅎ개), 수컷(수ㅎ것), 수탉(수ㅎ닭), 안팎(안ㅎ밖), 암캐(암ㅎ개), 암컷(암ㅎ것), 암탉(암ㅎ닭)

제31항 1은 'ㅂ'계 어두자음군 'ᄣᆞᆯ'과 관련한 표기이며, 제31항 2는 본디 'ㅎ'을 갖고 있던 'ㅎ' 곡용어의 표기와 관련된 규정이라 할 수 있다.

〈'ㅂ' 계 어두자음군이 결합한 단어의 풀이말〉

- *멥쌀– 메벼를 찧은 쌀 경미(粳米).*
- *입때– 지금까지. 또는 아직까지. 어떤 행동이나 일이 이미 이루어졌어야 함에도 그렇게 되지 않았음을 불만스럽게 여기거나 또는 바람직하지 않은 행동이나 일이 현재까지 계속되어 옴을 나타낼 때 쓰는 말이다. = 여태.*
- *입쌀– 멥쌀을 보리쌀 따위의 잡곡이나 찹쌀에 상대하여 이르는 말 = 도미(稻米).*

- *접때- 명사로 오래지 아니한 과거의 어느 때를 이르는 말 혹은 부사로 오래지 아니한 과거의 어느 때에*
- *햅쌀- 그 해에 새로 수확한 쌀. 신미(新米).*
- *햇살- 해의 내쏘는 광선.*

제51항은 어근에 부사파생접미사가 결합할 경우 그 소리에 따라서 '-이'를 적을 것인지, '-히'로 적을 것인지에 관한 규정이다.

제51장 부사의 끝음절이 분명히 '이'로만 나는 것은 '-이'로 적고, '히'로만 나거나 '이'나 '히'로 나는 것은 '히-'로 적는다.

1. '이'로만 나는 것
가붓이, 깨끗이, 나붓이, 느긋이, 둥긋이, 따뜻이, 반듯이, 버젓이, 산뜻이, 의젓이, 가까이, 고이, 날카로이, 대수로이, 번거로이, 많이, 적이, 헛되이, 겹겹이, 번번이, 일일이, 집집이, 틈틈이

2. '히'로만 나는 것
극히, 급히, 딱히, 속히, 작히, 족히, 특히, 엄격히, 정확히

3. '이, 히'로 나는 것
솔직히, 가만히, 간편히, 나른히, 무단히, 각별히, 소홀히, 쓸쓸히, 정결히, 과감히, 꼼꼼히, 심히, 열심히, 급급히, 답답히, 섭섭히, 공평히, 능히, 당당히, 분명히, 상당히, 조용히, 간소히, 고요히, 도저히

규칙을 정리하면 다음과 같다.

첫째, '-이'로만 나는 것

① '-하다'가 붙는 어근의 끝소리가 'ㅅ'인 경우

② 'ㅂ' 불규칙 형용사의 어간

③ 규칙 활용을 하는 형용사 어간

④ 첩어로, 뒤에 '-하다'가 오지 못하는 경우

둘째, '-이', '-히'로 소리는 나는 것은 모두 '-하다'가 붙는 어근이 앞에 올 경우이다. 다만, 끝소리가 'ㅅ'인 어근은 언제나 '-이'로만 소리가 난다.

제53항은 종결어미를 적을 때 문장종결방식에 따른 어미의 표기와 관련된 규정이다.

제53항 다음과 같은 어미는 예사소리로 적는다(ㄱ을 취하고, ㄴ을 버림)

ㄱ	ㄴ
-(으)ㄹ거나	-(으)ㄹ꺼나
-(으)ㄹ걸	-(으)ㄹ껄

다만, 의문을 나타내는 다음 어미들은 된소리로 적는다.
-(으)ㄹ까?, -(으)ㄹ꼬?, -(스)ㅂ니까?, -(으)리까?, -(으)ㄹ쏘냐?

53항은 종결어미에서 의문형의 경우 된소리로 적을 수 있는 반면에 그 외의 종결어미들은 일반적으로 예사소리로 적는 것을 규정하고 있다.

'내가 조금 이따가 연락할게'의 경우 발음이 '할게'의 'ㄹ' 뒤에 'ㄱ'이 된소리가 나서 표기에서도 '할께'로 적는 오류를 범하기도 하는데, 의문형이 아닐 경우 된소리로 적지 않는다는 규정을 기억하면 '할게'를 '할께'로 적는 오류를 범하지 않을 것이다 .

한글맞춤법 57항에서는 몇 가지 구분해서 써야 할 말을 다루고 있다.

제57항 다음 말들은 각각 구별하여 적는다.

가름 　　　둘로 가름

갈음　　새 책상으로 갈음하였다.

'가름'은 '가르다'의 어간 '가르-'에 '-ㅁ'이 결합한 것으로 '쪼개거나 나누어 따로따로 되게 하는 일'의 의미를 갖고 있으며, 갈음은 '갈다'에서 '갈-'에 '-음'이 결합한 것으로 '다른 것으로 바꾸어 대신함'의 의미를 갖고 있다.

거름　　풀을 썩인 거름

걸음　　빠른 걸음

'거름'은 '식물이 잘 자라도록 땅을 기름지게 하기 위하여 주는 물질'의 뜻이고, '걸음'은 '걷다'의 어간 '걷-'에 '-음'이 결합한 것으로 '두 발을 번갈아 옮겨 놓는 동작'의 뜻이다.

거치다　　영월을 거쳐 왔다.

걷히다　　외상값이 잘 걷힌다.

'거치다'는 '무엇에 걸리거나 막히다' 혹은 '오가는 도중에 어디를 지나거나 들르다'의 뜻이고, '걷히다'는 '걷다'의 피동형이다.

걷잡다　　걷잡을 수 없는 상태

겉잡다　　겉잡아서 이틀 걸릴 일

'걷잡다'는 '한 방향으로 치우쳐 흘러가는 형세 따위를 붙들어 잡다'는 뜻이고, '겉잡다'는 '겉으로 보고 대강 짐작하여 헤아리다'는 뜻이다.

그러므로(그러니까)　　그는 부지런하다. 그러므로 잘 산다.

그럼으로(써)(그렇게 하는 것으로)　　그는 열심히 공부한다. 그럼으로(써) 은혜에 보답한다.

'그러므로'는 부사로 앞의 내용이 뒤의 내용의 이유나 원인, 근거가 될 때 쓰는 접속 부사이고, '그럼으로(써)'는 '그렇다'의 어간에 명사형 어미 '-ㅁ'이 결합하고 그 뒤에 조사 '-으로'가 온 말이다.

노름　　　　노름판이 벌어졌다.

놀음(놀이)　　즐거운 놀음

'노름'(놀-+-옴)은 '돈이나 재물 따위를 걸고 주사위, 골패, 마작, 화투, 트럼프 따위를 써서 서로 내기를 하는 일'을 뜻하고, '놀음'은 '놀다'의 어간 '놀-'에 명사형 어미 '-음'이 결합한 말이다.

느리다　　　진도가 너무 느리다.

늘이다　　　고무줄을 늘인다.

늘리다　　　수출량을 더 늘린다.

'느리다'는 '어떤 동작을 하는 데 걸리는 시간이 길다'는 뜻이고, '늘이다'는 '본디보다 더 길게 하다'는 뜻이며, '늘리다'는 '불체의 넓이, 부피 따위를 본디보다 커지게 하다'는 뜻이다.

다리다　　　옷을 다린다.

달이다　　　약을 달인다.

'다리다'는 '옷이나 천 따위의 주름이나 구김을 펴고 줄을 세우기 위하여 다리미나 인두로 문지르다'는 뜻이고, '달이다'는 '액체 따위를 끓여서 진하게 만들다'는 뜻이다.

다치다　　　부주의로 손을 다쳤다.

닫히다　　　문이 저절로 닫혔다.

닫치다 문을 힘껏 닫쳤다.

'다치다'는 '부딪치거나 맞거나 하여 신체에 상처를 입다 또는 입히게 하다'는 뜻이고. '닫히다'는 '닫다'의 피동형이며, '닫치다'는 ' 문짝, 뚜겅, 서랍 따위를 꼭꼭 또는 세게 닫다'는 뜻이다.

마치다 벌써 일을 마쳤다.
맞히다 여러 문제를 더 맞혔다.

'마치다'는 '어떤 일이나 과정, 절차 따위가 끝나다'는 뜻이고, '맞히다'는 '맞다'의 사동형으로 '맞게 하다'를 뜻한다.

목거리 목거리가 덧났다.
목걸이 금 목걸이, 은 목걸이

'목거리(목+걸-+-이)'는 '목이 붓고 아픈 병'을 뜻하고, '목걸이'는 '목에 거는 물건을 통들어 이르는 말'의 뜻이다.

바치다 나라를 위해 목숨을 바쳤다.
받치다 우산을 받치고 간다.

'바치다'는 '신이나 웃어른에게 정중하게 드리다'는 뜻이고, '받치다'는 '비나 햇빛과 같은 것이 통하지 못하도록 우산이나 양산을 펴 들다'의 뜻이다.

받히다 쇠뿔에 받혔다.
밭치다 술을 체에 밭친다.

'받히다'는 '받다'의 피동형이고, '밭치다'는 '구멍이 뚫린 물건 위에 국수나 야채 따위를 올려 물기를 빼다'는 뜻이다.

반드시　　　약속은 반드시 지켜라.

반듯이　　　고개를 반듯이 들어라.

'반드시'는 '틀림없이 꼭'의 뜻이고, '반듯이'는 '작은 물체, 또는 생각이나 행동 따위가 비뚤어지거나 기울거나 굽지 아니하고 바르게'라는 뜻이다.

부딪치다　　　차와 차가 마주 부딪쳤다.

부딪히다　　　마차가 화물차에 부딪혔다.

'부딪치다'는 '부딪다(무엇과 무엇이 힘 있게 마주 닿거나 마주 대다. 또는 닿거나 대게 하다)'를 강조한 말이고, '부딪히다'는 '부딪다'의 피동형이다.

부치다　　힘이 부치는 일이다.
　　　　　편지를 부치다.
　　　　　논밭을 부친다.
　　　　　빈대떡을 부친다.
　　　　　식목일에 부치는 글
　　　　　회의에 부치는 안건
　　　　　인쇄에 부치는 원고
　　　　　삼촌 집에 숙식을 부친다.

붙이다　　우표를 붙이다.

책상을 벽에 붙였다.
흥정을 붙인다.
불을 붙인다.
감시원을 붙인다.
조건을 붙인다.
취미를 붙인다.
별명을 붙인다.

시키다　　일을 시킨다.
식히다　　끓인 물을 식히다.

'시키다'는 '어떤 일이나 행동을 하게 하다'는 뜻이고, '식히다'는 '식다(더운 기가 없어지다)'의 사동형이다.

아름　　세 아름 되는 둘레
알음　　전부터 알음이 있는 사이
앎　　앎이 힘이다.

'아름'은 '둘레의 길이를 나타내는 단위'이고, '알음'은 '알다'의 어간 '알-'에 '-음'이 결합한 형태이며, '앎'은 '알다'의 어간에 어미 '-ㅁ'이 붙어서 된 명사형이다.

안치다　　밥을 안친다.
앉히다　　윗자리에 앉힌다.

'안치다'는 '밥, 떡, 구이, 찌개 따위를 만들기 위하여 그 재료를 솥이나 냄비 따위에 넣고 불 위에 올리다'의 뜻이고. '앉히다'는 '앉다'의 사동형이다.

* '안치다'는 '끓이거나 찔 물건을 솥이나 시루에 넣다'란 뜻을 나타내며,
* '앉히다'는 '앉다'의 사동사(앉게 하다.), '앉히다'는 '버릇을 가르치다, 문서에 무슨 줄거리를 따로 잡아 기록하다'란 뜻으로 풀이되기도 한다.

어름　　두 물건의 어름에서 일어난 현상
얼음　　얼음이 얼었다.

'어름'은 '두 사물의 끝이 맞닿은 자리'를 뜻하며, '얼음'은 '얼다'의 어간 '얼-'에 명사파생접미사 '-음'이 붙어서 된 말이다.

이따가　　이따가 오너라.
있다가　　돈은 있다가도 없다.

'이따가'는 '조금 지난 뒤에'의 뜻이고, '있다가'는 '있다'의 어간 '있-'에 어미 '-다가'가 결합한 말이다.

저리다　　다친 다리가 저린다.
절이다　　김장 배추를 절인다.

'저리다'는 '뼈마디나 몸의 일부가 오래 눌려서 피가 잘 통하지 못하여 감각이 둔하고 아리다'의 뜻이고, '절이다'는 '절다(푸성귀나 생선 따위에 소금기나 식초, 설탕 따위가 배어들다)'의 사동형이다.

조리다　　생선을 조린다. 통조림, 병조림
졸이다　　마음을 졸인다.

'조리다'는 '고기나 생선, 채소 따위를 양념하여 국물이 거의 없게 바짝 끓이다'의 뜻이고, '졸이다'는 '속을 태우다시피 초조해하다'의 뜻이다.

주리다　　여러 날을 주렸다.
줄이다　　비용을 줄인다.

'주리다'는 '제대로 먹지 못해 배를 곯다'의 뜻이고, '줄이다'는 '줄다'의 사동형이다.

하노라고　　하노라고 한 것이 이 모양이다.
하느라고　　공부하느라고 밤을 새웠다.

'하노라고'는 '자기 나름으로는 한다고'의 뜻이며, '하느라고'는 '하는 일로 인하여'라는 뜻이다.

–느니보다(어미)　　나를 찾아 오느니보다 집에 있거라
–는 이보다(의존 명사)　오는 이가 가는 이보다 많다.

–(으)리만큼(어미)　　나를 미워하리만큼 그에게 잘못한 일이 없다.
–(으)ㄹ 이만큼(의존 명사)　찬성할 이도 반대할 이만큼이나 많을 것이다.

–(으)러(목적)　　공부하러 간다.
–(으)려(의도)　　서울 가려 한다.

* '–(으)러'는 그 동작의 직접 목적을 표시하는 어미,
* '–(으)려'는 그 동작을 하려고 하는 의도를 표시하는 어미.

-(으)로서(자격)　사람으로서 그럴 수는 없다.
-(으)로써(수단)　닭으로써 꿩을 대신했다.

* '-(으)로서'는 '어떤 지위나 신분이나 자격을 가진 입장에서'란 뜻을 나타내며,
* '-(으)로써'는 '재료, 수단, 방법'을 나타내는 조사이다.

-(으)므로(어미)　그가 나를 믿으므로 나도 그를 믿는다.
(-ㅁ, -음)으로(써)(조사)　그는 믿음으로(써) 산 보람을 느꼈다.

* '-(으)므로'는 까닭을 나타내는 어미,
* '(-ㅁ, -음)'는 명사형 어미 또는 명사화 접미사 '-(으)ㅁ'에 조사 '-으로'가 붙은 형태다.

표준어규정 제7항은 생물에서 새끼를 배지 않거나 열매를 맺지 않은 쪽의 성(性)을 의미하는 접두사 '수'와 여러 어근이 결합할 때의 규칙과 관계한 규정이다.

제7항 수컷을 이르는 접두사는 '수-'로 통일한다.(ㄱ을 표준어로 삼고, ㄴ을 버림.)

ㄱ	ㄴ	비고
수-꿩	수-퀑/숫-꿩	'장끼'도 표준어임.
수-나사	숫나사	
수놈	숫-놈	
수-사돈	숫-사돈	

다만 1. 다음 단어에서는 접두사 다음에서 나는 거센소리를 인정한다. 접두사 '암-'이 결합되는 경우에도 이에 준한다.(ㄱ을 표준어로 삼고, ㄴ을 버림.)

ㄱ	ㄴ	비고
수-캉아지	숫-강아지	
수-컷	숫-것	
수-탉	숫-닭	
수-평아리	숫-병아리	

다만 2. 다음 단어의 접두사는 '숫-'으로 한다. (ㄱ을 표준어로 삼고, ㄴ을 버림.)

ㄱ	ㄴ	비고
숫-양	수-양	
숫-염소	수-염소	
숫-쥐	수-쥐	

'ㅣ'모음 역행동화 현상은 전설모음 'ㅣ'나 활음 'j'의 영향으로 후설 모음인 'ㅏ, ㅓ, ㅗ, ㅜ, ㅡ'가 전설모음인 'ㅐ, ㅔ, ㅚ, ㅟ, ㅣ'로 바뀌는 현상이다.

제9항 'ㅣ' 역행 동화 현상에 의한 발음은 원칙적으로 표준 발음으로 인정하지 아니하되, 다만 다음 단어들은 그러한 동화가 적용된 형태를 표준어로 삼는다.(ㄱ을 표준어로 삼고, ㄴ을 버림.)

ㄱ	ㄴ	비고
-내기	-나기	서울-, 시골-, 신출-, 풋-
냄비	남비	

[붙임1] 다음 단어는 'ㅣ'역행 동화가 일어나지 아니한 형태를 표준어로 삼는다(ㄱ을 표준어로 삼고, ㄴ을 버림)

ㄱ	ㄴ	비고
아지랑이	아지랭이	

[붙임 2] 기술자에게는 '-장이', 그 외에는 '-쟁이'가 붙는 형태를 표준어로 삼는다.(ㄱ을 표준어로 삼고, ㄴ을 버림.)

ㄱ	ㄴ	비고
미장이	미쟁이	
멋쟁이	멋장이	
담쟁이-덩굴	담장이-덩굴	

표준어 가운데 'ㅣ'모음 역행 동화 현상이 일어나는 것이 표준어로 인정되는 단어가 있기도 하고 'ㅣ'모음 역행 동화 현상이 일어나지 않은 것이 표준어로 인정되는 단어들도 있다.

제12항은 어떤 기준보다 어 높은 쪽을 나타내는 '위', '윗', '웃' 등이 다른 어근과 결합하여 생성되는 단어 중 표준어가 되는 각각의 경우들을 규정해 놓은 것이다.

제12항 '웃-' 및 '윗-'은 명사 '위'에 맞추어 '윗-'으로 통일한다. (ㄱ을 표준어로 삼고, ㄴ을 버림.)

ㄱ	ㄴ	비고
윗-넓이	웃-넓이	
윗-도리	웃-도리	
윗-목	웃-목	
윗-몸	웃-몸	~운동
윗-잇몸	웃-잇몸	

다만 1. 된소리나 거센소리 앞에서는 '위-'로 한다. (ㄱ을 표준어로 삼고, ㄴ을 버림.)

ㄱ	ㄴ	비고
위-짝	웃-짝	
위-채	웃-채	

다만 2. '아래, 위'의 대립이 없는 단어는 '웃-'으로 발음되는 형태를 표준어로 삼는다.(ㄱ을 표준어로 삼고, ㄴ을 버림.)

ㄱ	ㄴ	비고
웃-국	윗-국(*간장이나 술 따위를 담가서 익힌 뒤에 맨 처음에 떠낸 진한 국)	
웃-어른	윗-어른	
웃-옷	윗-옷	

23항은 방언과 표준어가 그 쓰임에 따라 표준어가 아니었던 방언이 표준어가 되는 경우들을 규정해 놓은 것이다.

제23항 방언이던 단어가 표준어보다 더 널리 쓰이게 된 것은, 그 것을 표준어로 삼는다. 이 경우, 원래의 표준어는 그대로 표준어로 남겨 두는 것을 원칙으로 한다. (ㄱ을 표준어로 삼고, ㄴ도 표준어로 남겨 둠.)

ㄱ	ㄴ	비고
멍게	우렁쉥이	
물-방개	선두리	
애-순	어린-순	

3. 새롭게 추가된 표준어

2011년 추가된 표준어

국립국어원은 1999년 『표준국어대사전』을 출간한 이후 국민들의 언어 생활에서 많이 사용되어 왔지만 표준어로 인정되지 않은 단어들을 검토해 왔다. 그간 어문규정에서 정한 원칙, 다른 사례와의 관계, 실제 사용 양상 등을 검토하여 2010년 2월 국어심의회에 사정한 이후 3번의 심층적인 논의를 거쳐 2011년 8월 22일 국어심의회에서 총 39항목의 표준어를 새롭게 추가하였다.

2011년 추가된 표준어를 총 세 부류로 구분할 수 있다.

첫째, 현재 표준어로 규정된 말 이외에 같은 뜻으로 많이 쓰이는 말을 복수표준어로 인정한 경우

둘째, 현재 표준어로 규정된 말과는 뜻이나 어감 차이가 있어 이를 인정하여 별도의 표준어로 인정한 경우

셋째, 표준어로 인정된 표기와 다른 표기 형태로 많이 쓰여서 두 가지 표기를 모두 표준어로 인정한 경우

이상 세 부류의 표준어가 추가되었다.

첫째, 현재 표준어와 같은 뜻으로 추가로 표준어로 인정한 것(11개)

추가된 표준어	현재 표준어
간지럽히다	간질이다
남사스럽다	남우세스럽다
등물	목물
맨날	만날

추가된 표준어	현재 표준어
못자리	묏자리
복숭아뼈	복사뼈
세간살이	세간
쌉싸름하다	쌉싸래하다
토란대	고운대
허접쓰레기	허섭스레기
흙담	토담

○ 현재 표준어와 별도의 표준어로 추가로 인정한 것(25개)

추가된 표준어	현재 표준어	뜻 차이
~길래	~기에	~길래: '~기에'의 구어적 표현.
개발새발	괴발개발	'괴발개발'은 '고양이의 발과 개의 발'이라는 뜻이고, '개발새발'은 '개의 발과 새의 발'이라는 뜻임.
나래	날개	'나래'는 '날개'의 문학적 표현.
내음	냄새	'내음'은 향기롭거나 나쁘지 않은 냄새로 제한됨.
눈꼬리	눈초리	• 눈초리: 어떤 대상을 바라볼 때 눈에 나타나는 표정. 예) '매서운 눈초리' • 눈꼬리: 눈의 귀 쪽으로 째진 부분.
떨구다	떨어뜨리다	'떨구다'에 '시선을 아래로 향하다'라는 뜻 있음.
뜨락	뜰	'뜨락'에는 추상적 공간을 비유하는 뜻이 있음.
먹거리	먹을거리	먹거리: 사람이 살아가기 위하여 먹는 음식을 통틀어 이름.

추가된 표준어	현재 표준어	뜻 차이
메꾸다	메우다	'**메꾸다**'에 '무료한 시간을 적당히 또는 그럭저럭 흘러가게 하다.'라는 뜻이 있음
손주	손자(孫子)	• **손자**: 아들의 아들. 또는 딸의 아들. • **손주**: 손자와 손녀를 아울러 이르는 말.
어리숙하다	어수룩하다	'**어수룩하다**'는 '순박함/순진함'의 뜻이 강한 반면에, '**어리숙하다**'는 '어리석음'의 뜻이 강함.
연신	연방	'**연신**'이 반복성을 강조한다면, '**연방**'은 연속성을 강조.
휭하니	힁허케	**힁허케**: '휭하니'의 예스러운 표현.
걸리적거리다	거치적거리다	자음 또는 모음의 차이로 인한 어감 및 뜻 차이 존재
끄적거리다	끼적거리다	〃
두리뭉실하다	두루뭉술하다	〃
맨숭맨숭/맹숭맹숭	맨송맨송	〃
바둥바둥	바동바동	〃
새초롬하다	새치름하다	〃
아웅다웅	아옹다옹	〃
야멸차다	야멸치다	〃
오손도손	오순도순	〃
찌뿌둥하다	찌뿌듯하다	〃
추근거리다	치근거리다	〃

○ 두 가지 표기를 모두 표준어로 인정한 것(3개)

추가된 표준어	현재 표준어
택견	태껸
품새	품세
짜장면	자장면

2014년 추가된 표준어

2014년 8월 29일 국어심의회를 통과하면서 추가된 표준어는 크게 두 가지로 나눌 수 있다.

첫째, 현재 표준어와 같은 뜻으로 널리 쓰이는 말을 복수 표준어로 인정한 경우

둘째, 현재 표준어와는 뜻이나 어감이 달라 이를 별도의 표준어로 인정한 경우

○ 현재 표준어와 같은 뜻을 가진 표준어로 인정한 것(5개)

추가된 표준어	현재 표준어
구안와사	구안괘사
굽신*	굽실
눈두덩이	눈두덩
삐지다	삐치다
초장초	작장초

* '굽신'이 표준어로 인정됨에 따라, '굽신거리다, 굽신대다, 굽신하다, 굽신굽신, 굽신굽신하다' 등도 표준어로 함께 인정됨.

○ 현재 표준어와 뜻이나 어감이 차이가 나는 별도의 표준어로 인정한 것(8개)

추가 표준어	현재 표준어	뜻 차이
개기다	개개다	개기다: (속되게) 명령이나 지시를 따르지 않고 버티거나 반항하다. (※개개다: 성가시게 달라붙어 손해를 끼치다.)
꼬시다	꾀다	꼬시다: '꾀다'를 속되게 이르는 말. (※꾀다: 그럴듯한 말이나 행동으로 남을 속이거나 부추겨서 자기 생각대로 끌다.)
놀잇감	장난감	놀잇감: 놀이 또는 아동 교육 현장 따위에서 활용되는 물건이나 재료. (※장난감: 아이들이 가지고 노는 여러 가지 물건.)
딴지	딴죽	딴지: ((주로 '걸다, 놓다'와 함께 쓰여)) 일이 순순히 진행되지 못하도록 훼방을 놓거나 어기대는 것. (※딴죽: 이미 동의하거나 약속한 일에 대하여 딴전을 부림을 비유적으로 이르는 말.)
사그라들다	사그라지다	사그라들다: 삭아서 없어져 가다. (※사그라지다: 삭아서 없어지다.)
섬찟*	섬뜩	섬찟: 갑자기 소름이 끼치도록 무시무시하고 끔찍한 느낌이 드는 모양. (※섬뜩: 갑자가 소름이 끼치도록 무섭고 끔찍한 느낌이 드는 모양.)
속앓이	속병	속앓이: 「1」 속이 아픈 병. 또는 속에 병이 생겨 아파하는 일. 「2」 겉으로 드러내지 못하고 속으로 걱정하거나 괴로워하는 일. (※속병: 「1」 몸속의 병을 통틀어 이르는 말. 「2」 '위장병01'을 일상적으로 이르는 말. 「3」 화가 나거나 속이 상하여 생긴 마음의 심한 아픔.
허접하다	허접스럽다	허접하다: 허름하고 잡스럽다. (※허접스럽다: 허름하고 잡스러운 느낌이 있다.)

* '섬찟'이 표준어로 인정됨에 따라, '섬찟하다, 섬찟섬찟, 섬찟섬찟하다' 등도 표준어로 함께 인정됨.

2015년 추가된 표준어

2015년 추가된 표준어는 크게 세 가지 유형으로 나눌 수 있다.

첫째, 현재 표준어와 같은 뜻으로 널리 쓰이는 말을 복수 표준어로 인정한 경우

둘째, 현재 표준어와는 뜻이나 어감이 달라 이를 별도의 표준어로 인정한 경우

셋째, 비표준적인 것으로 다루어왔던 활용형을 표준형으로 인정한 경우

○ 복수 표준어: 현재 표준어와 같은 뜻을 가진 표준어로 인정한 것 (4개)

추가 표준어	현재 표준어	비고
마실	마을	○ '이웃에 놀러 다니는 일'의 의미에 한하여 표준어로 인정함. '여러 집이 모여 사는 곳'의 의미로 쓰인 '마실'은 비표준어임. ○ '마실꾼, 마실방, 마실돌이, 밤마실'도 표준어로 인정함. (예문) 나는 아들의 방문을 열고 이모네 마실 갔다 오마고 말했다.
이쁘다	예쁘다	○ '이쁘장스럽다, 이쁘장스레, 이쁘장하다, 이쁘디이쁘다'도 표준어로 인정함. (예문) 어이구, 내 새끼 이쁘기도 하지.
찰지다	차지다	○ 사전에서 〈'차지다'의 원말〉로 풀이함. (예문) 화단의 찰진 흙에 하얀 꽃잎이 화사하게 떨어져 날리곤 했다.
-고프다	-고 싶다	○ 사전에서 〈'-고 싶다'가 줄어든 말〉로 풀이함. (예문) 그 아이는 엄마가 보고파 앙앙 울었다.

○ 별도 표준어: 현재 표준어와 뜻이 다른 표준어로 인정한 것(5개)

추가 표준어	현재 표준어	뜻 차이
꼬리연	가오리연	○ 꼬리연: 긴 꼬리를 단 연. ※ 가오리연: 가오리 모양으로 만들어 꼬리를 길게 단 연. 띄우면 오르면서 머리가 아래위로 흔들린다. (예문) 행사가 끝날 때까지 하늘을 수놓았던 대형 **꼬리연**도 비상을 꿈꾸듯 끊임없이 창공을 향해 날아올랐다.
의론	의논	○ 의론(議論): 어떤 사안에 대하여 각자의 의견을 제기함. 또는 그런 의견. ※ 의논(議論): 어떤 일에 대하여 서로 의견을 주고 받음. ○ '의론되다, 의론하다'도 표준어로 인정함. (예문) 이러니저러니 **의론**이 분분하다.
이크	이키	○ 이크: 당황하거나 놀랐을 때 내는 소리. '이키'보다 큰 느낌을 준다. ※ 이키: 당황하거나 놀랐을 때 내는 소리. '이끼'보다 거센 느낌을 준다. (예문) **이크**, 이거 큰일 났구나 싶어 허겁지겁 뛰어갔다.
잎새	잎사귀	○ 잎새: 나무의 잎사귀. 주로 문학적 표현에 쓰인다. ※ 잎사귀: 낱낱의 잎. 주로 넓적한 잎을 이른다. (예문) **잎새**가 몇 개 남지 않은 나무들이 창문 위로 뻗어올라 있었다.
푸르르다	푸르다	○ 푸르르다: '푸르다'를 강조할 때 이르는 말. ※ 푸르다: 맑은 가을 하늘이나 깊은 바다, 풀의 빛깔과 같이 밝고 선명하다. ○ '푸르르다'는 '으불규칙용언'으로 분류함. (예문) 겨우내 찌푸리고 있던 잿빛 하늘이 **푸르르게** 맑아 오고 어디선지도 모르게 훈냄새가 뭉클하니 풍겨 오는 듯한 순간 벌써 봄이 온 것을 느낀다.

○ 복수 표준형: 현재 표준적인 활용형과 용법이 같은 활용형으로 인정한 것(2개)

추가 표준형	현재 표준형	비고
말아 말아라 말아요	마 마라 마요	○'말다'에 명령형어미 '-아', '-아라', '-아요' 등이 결합할 때는 어간 끝의 'ㄹ'이 탈락하기도 하고 탈락하지 않기도 함. (예문) 내가 하는 말 농담으로 듣지 마/말아. 얘야, 아무리 바빠도 제사는 잊지 마라/말아라. 아유, 말도 마요/말아요.
노랗네 동그랗네 조그맣네 …	노라네 동그라네 조그마네 …	○ㅎ불규칙용언이 어미 '-네'와 결합할 때는 어간 끝의 'ㅎ'이 탈락하기도 하고 탈락하지 않기도 함. ○'그렇다, 노랗다, 동그랗다, 뿌옇다, 어떻다, 조그맣다, 커다랗다' 등등 모든 ㅎ불규칙용언의 활용형에 적용됨. (예문) 생각보다 훨씬 노랗네/노라네. 이 빵은 동그랗네/동그라네. 건물이 아주 조그맣네/조그마네.

2016년 추가된 표준어

2016년 추가된 표준어는 크게 두 가지 유형으로 나눌 수 있다.

첫째, 현재 표준어와는 뜻이나 어감이 달라 별도의 표준어로 인정한 경우

둘째, 비표준적인 것으로 다루어왔던 표현 형식을 표준형으로 인정한 경우

○ 추가 표준어(4항목)

추가표준어	현재표준어	뜻 차이
걸판지다	거방지다	**걸판지다** [형용사] ① 매우 푸지다. ¶ 술상이 **걸판지다** / 마침 눈먼 돈이 생긴 것도 있으니 오늘 저녁은 내가 **걸판지게** 사지. ② 동작이나 모양이 크고 어수선하다. ¶ 싸움판은 자못 **걸판져서** 구경거리였다. / 소리판은 옛날이 **걸판지고** 소리할 맛이 났었지. **거방지다** [형용사] ① 몸집이 크다. ② 하는 짓이 점잖고 무게가 있다. ③ =걸판지다①.
겉울음	건울음	**겉울음** [명사] ① 드러내 놓고 우는 울음. ¶ 꾹꾹 참고만 있다 보면 간혹 속울음이 겉울음으로 터질 때가 있다. ② 마음에도 없이 겉으로만 우는 울음. ¶ 눈물도 안 나면서 슬픈 척 **겉울음** 울지 마. **건울음** [명사] =강울음. **강울음** [명사] 눈물 없이 우는 울음, 또는 억지로 우는 울음.
까탈스럽다	까다롭다	**까탈스럽다** [형용사] ① 조건, 규정 따위가 복잡하고 엄격하여 적응하거나 적용하기에 어려운 데가 있다. '가탈스럽다①'보다 센 느낌을 준다. ¶ **까탈스러운** 공정을 거치다 / 규정을 **까탈스럽게** 정하다 / 가스레인지에 길들여진 현대인들에게 지루하고 **까탈스러운** 숯 굽기 작업은 쓸데없는 시간 낭비로 비칠 수도 있겠다. ② 성미나 취향 따위가 원만하지 않고 별스러워 맞춰 주기에 어려운 데가 있다. '가탈스럽다②'보다 센 느낌을 준다. ¶ **까탈스러운** 입맛 / 성격이 **까탈스럽다** / 딸아이는 사 준 옷이 맘에 안 든다고 **까탈스럽게** 굴었다. ※ 같은 계열의 '가탈스럽다'도 표준어로 인정함. **까다롭다** [형용사] ① 조건 따위가 복잡하거나 엄격하여 다루기에 순탄하지 않다. ② 성미나 취향 따위가 원만하지 않고 별스럽게 까탈이 많다.

추가표준어	현재표준어	뜻 차이
실뭉치	실몽당이	실뭉치 [명사] 실을 한데 뭉치거나 감은 덩이. ¶ 뒤엉킨 실뭉치 / 실뭉치를 풀다 / 그의 머릿속은 엉클어진 실뭉치같이 갈피를 못 잡고 있었다. 실몽당이 [명사] 실을 풀기 좋게 공 모양으로 감은 뭉치.

○ 추가 표준형(2항목)

추가 표준형	현재 표준형	비고
엘랑	에는	○ 표준어 규정 제25항에서 '에는'의 비표준형으로 규정해 온 '엘랑'을 표준형으로 인정함. ○ '엘랑' 외에도 'ㄹ랑'에 조사 또는 어미가 결합한 '에설랑, 설랑, -고설랑, -어설랑, -질랑'도 표준형으로 인정함. ○ '엘랑, -고설랑' 등은 단순한 조사/어미 결합형이므로 사전 표제어로는 다루지 않음. (예문) 서울엘랑 가지를 마오. 교실에설랑 떠들지 마라. 나를 앞에 앉혀놓고설랑 자기 아들 자랑만 하더라.
주책이다	주책없다	○ 표준어 규정 제25항에 따라 '주책없다'의 비표준형으로 규정해 온 '주책이다'를 표준형으로 인정함. ○ '주책이다'는 '일정한 줏대가 없이 되는대로 하는 짓'을 뜻하는 '주책'에 서술격조사 '이다'가 붙은 말로 봄. ○ '주책이다'는 단순한 명사+조사 결합형이므로 사전 표제어로는 다루지 않음. (예문) 이제 와서 오래 전에 헤어진 그녀를 떠올리는 나 자신을 보며 '나도 참 주책이군' 하는 생각이 들었다.

4. 문장부호

문장 부호의 이름과 그 사용법은 다음과 같이 정한다.

Ⅰ. 마침표[終止符]

1. 온점(.), 고리점(。)

가로쓰기에는 온점, 세로쓰기에는 고리점을 쓴다.

(1) 서술, 명령, 청유 등을 나타내는 문장의 끝에 쓴다.

젊은이는 나라의 기둥이다.

황금 보기를 돌같이 하라.

집으로 돌아가자.

다만, 표제어나 표어에는 쓰지 않는다.

압록강은 흐른다(표제어)

꺼진 불도 다시 보자(표어)

(2) 아라비아 숫자만으로 연월일을 표시할 적에 쓴다.

1919. 3. 1. (1919년 3월 1일)

(3) 표시 문자 다음에 쓴다.

1. 마침표　ㄱ. 물음표　가. 인명

(4) 준말을 나타내는 데 쓴다.

서. 1987. 3. 5.(서기)

2. 물음표(?)

의심이나 물음을 나타낸다.

(1) 직접 질문할 때에 쓴다.

이제 가면 언제 돌아오니?

이름이 뭐지?

(2) 반어나 수사 의문(修辭疑問)을 나타낼 때 쓴다.

제가 감히 거역할 리가 있습니까?

이게 은혜에 대한 보답이냐?

남북 통일이 되면 얼마나 좋을까?

(3) 특정한 어구 또는 그 내용에 대하여 의심이나 빈정거림, 비웃음 등을 표시할 때, 또는 적절한 말을 쓰기 어려운 경우에 소괄호 안에 쓴다.

그것 참 훌륭한(?) 태도야.

우리 집 고양이가 가출(?)을 했어요.

[붙임 1] 한 문자에서 몇 개의 선택적인 물음이 겹쳤을 때에는 맨 끝의 물음에만 쓰지만, 각각 독립된 물음인 경우에는 물음마다 쓴다.

너는 한국인이냐, 중국인이냐?

너는 언제 왔니? 어디서 왔니? 무엇하러?

[붙임 2] 의문형 어미로 끝나는 문장이라도 의문의 정도가 약할 때에는 물음표 대신 온점(또는 고리점)을 쓸 수도 있다.

이 일을 도대체 어쩐단 말이냐.

아무도 그 일에 찬성하지 않을 거야. 혹 미친 사람이면 모를까.

3. 느낌표(!)

감탄이나 놀람, 부르짖음, 명령 등 강한 느낌을 나타낸다.

(1) 느낌을 힘차게 나타내기 위해 감탄사나 감탄형 종결어미 다음에

쓴다.

앗!

아, 달이 밝구나!

(2) 강한 명령문 또는 청유문에 쓴다.

지금 즉시 대답해!

부디 몸조심하도록!

(3) 감정을 넣어 다른 사람을 부르거나 대답할 적에 쓴다.

춘향아!

예, 도련님!

(4) 물음의 말로써 놀람이나 항의의 뜻을 나타내는 경우에 쓴다.

이게 누구야!

내가 왜 나빠!

[붙임] 감탄형 어미로 끝나는 문장이라도 감탄의 정도가 약할 때에는 느낌표 대신 온점(또는 고리점)을 쓸 수도 있다.

개구리가 나온 것을 보니, 봄이 오긴 왔구나.

Ⅱ. 쉼표[休止符]

1. 반점(,), 모점(、)

가로쓰기에는 반점, 세로쓰기에는 모점을 쓴다.

문장 안에서 짧은 휴지를 나타낸다.

(1) 같은 자격의 어구가 열거될 때에 쓴다.

근면, 검호, 협동은 우리 겨레의 미덕이다.

충청도의 계룡산, 전라도의 내장산, 강원도의 설악산은 모두 국립 공원이다.

다만, 조사로 연결될 적에는 쓰지 않는다.

매화와 난초와 국화와 대나무를 사군자라고 한다.

(2) 짝을 지어 구별할 필요가 있을 때에 쓴다.

닭과 지네, 개와 고양이는 상극이다.

(3) 바로 다음의 말을 꾸미지 않을 때에 쓴다.

슬픈 사연을 간직한, 경주 불국사의 무영탑.

성질 급한, 철수의 누이동생이 화를 내었다.

(4) 대등하거나 종속적인 절이 이어질 때에 절 사이에 쓴다.

콩 심으면 콩 나고, 팥 심으면 팥 난다.

흰 눈이 내리니, 경치가 더욱 아름답다.

(5) 부르는 말이나 대답하는 말 뒤에 쓴다.

애야, 이리 오너라.

예, 지금 가겠습니다.

(6) 제시어 다음에 쓴다.

빵, 이것이 인생의 전부이더냐?

용기, 이것이야말로 무엇과도 바꿀 수 없는 젊은이의 자산이다.

(7) 도치된 문장에 쓴다.

이리 오세요, 어머님.

다시 보자, 한강수야.

(8) 가벼운 감탄을 나타내는 말 뒤에 쓴다.

아, 깜빡 잊었구나.

(9) 문장 첫머리의 접속이나 연결을 나타내는 말 다음에 쓴다.

첫째, 몸이 튼튼해야 된다.

아무튼, 나는 집에 돌아가겠다.

다만, 일반적으로 쓰이는 접속어(그러나, 그러므로, 그리고, 그런데 등) 뒤에는 쓰지 않음을 원칙으로 한다.

그러나 너는 실망할 필요가 없다.

(10) 문장 중간에 끼어든 구절 앞뒤에 쓴다.

나는 솔직히 말하면, 그 말이 별로 탐탐하지 않소.

철수는 미소를 띠고, 속으로는 화가 치밀었지만, 그들을 맞았다.

(11) 되풀이를 피하기 위하여 한 부분을 줄일 때에 쓴다.

여름에는 바다에서, 겨울에는 산에서 휴가를 즐겼다.

(12) 문맥상 끊어 읽어야 할 곳에 쓴다.

깝돌이가 울면서, 떠나는 갑순이를 배웅했다.

철수가, 내가 제일 좋아하는 친구이다.

남을 괴롭히는 사람들은, 만약 그들이 다른 사람에게 괴롭힘을 당해 본다면, 남을 괴롭히는 일이 얼마나 나쁜 일인지 깨달을 것이다.

(13) 숫자를 나열할 때에 쓴다.

1, 2, 3, 4

(14) 수의 폭이나 개략의 수를 나타낼 때에 쓴다.

5, 6 세기　　　　　　6, 7 개

(15) 수의 자릿점을 나타낼 때에 쓴다.

2. 가운뎃점(·)

열거된 여러 단위가 대등하거나 밀접한 관계임을 나타낸다.

(1) 쉼표로 열거된 어구가 다시 여러 단위로 나누어질 때에 쓴다.

철수·영이, 영수·순이가 서로 짝이 되어 윷놀이를 하였다.

공주·논산, 천안·아산·천원 등 각 지역구에서 2 명씩 국회 의원을 뽑는다.

시장에 가서 사과·배·복숭아, 고추·마늘·파, 조기·명태·고등어를 샀다.

(2) 특정한 의미를 가지는 날을 나타내는 숫자에 쓴다.

3·1 운동　8·15 광복

(3) 같은 계열의 단어 사이에 쓴다.

경북 방언의 조사·연구

충북·충남 두 도를 합하여 충청도라고 한다.

동사· 형용사를 합하여 용언이라고 한다.

3. 쌍점(:)

(1) 내포되는 종류를 들 적에 쓴다.

문장 부호 : 마침표, 쉼표, 따옴표, 묶음표 등

문방사우 : 붓, 먹, 벼루, 종이

(2) 소표제 뒤에 간단한 설명이 붙을 때에 쓴다.

일시 : 1984년 10월 15일 10시

마침표 : 문장이 끝남을 나타낸다.

(3) 저자명 다음에 저서명을 적을 때에 쓴다.

정약용 : 목민심서, 경세유표

주시경 : 국어 문법, 서울 박문서관, 1910.

(4) 시(時)와 분(分), 장(章)과 절(節) 따위를 구별할 때나, 둘 이상을 대비할 때에 쓴다.

오전 10 : 20 (오전 10시 20분)

요한 3 : 16 (요한복음 3장 16절)

대비 65 : 60 (65대 60)

4. 빗금(/)

(1) 대응, 대립되거나 대등한 것을 함께 보이는 단어와 구, 절 사이에 쓴다.

남궁만/남궁 만　　　　백이십오 원/125원

착한 사람/악한 사람　　　　맞닥뜨리다/맞닥트리다

(2) 분수를 나타낼때에 쓰기도 한다.

3/4 분기　　　　3/20

Ⅲ. 따옴표[引用符]

1. 큰따옴표(“ ”), 겹낫표(『 』)

가로쓰기에는 큰따옴표, 세로쓰기에는 겹낫표를 쓴다.

대화, 인용, 특별 어구 따위를 나타낸다.

(1) 글 가운데서 직접 대화를 표시할 때에 쓴다.

“전기가 없었을 때는 어떻게 책을 보았을까?”

“그야 등잔불을 켜고 보았겠지.”

(2) 남의 말을 인용할 경우에 쓴다.

예로부터 “민심은 천심이다.”라고 하였다.

“사람은 사회적 동물이다.”라고 말한 학자가 있다.

2. 작은 따옴표(‘ ’), 낫표 (「」)

가로쓰기에는 작은따옴표, 세로쓰기에는 낫표를 쓴다.

(1) 따온 말 가운데 다시 따온 말이 들어 있을 때에 쓴다.

“여러분! 침착해야 합니다. ‘하늘이 무너져도 솟아날 구멍이 있다.’고 합니다.”

(2) 마음 속으로 한 말을 적을 때에 쓴다.

‘만약 내가 이런 모습으로 돌아간다면 모두들 깜짝 놀라겠지.’

[붙임] 문장에서 중요한 부분을 두드러지게 하기 위해 드러냄표 대신에 쓰기도 한다.

지금 필요한 것은 ‘지식’이 아니라 ‘실천’입니다.

‘배부른 돼지’보다는 ‘배고픈 소크라테스’가 되겠다.

Ⅳ. 묶음표[括弧符]

1. 소괄호(( ))

(1) 언어, 연대, 주석, 설명 등을 넣을 적에 쓴다.

커피(coffee)는 기호 식품이다.

3·1 운동(1919) 당시 나는 중학생이었다.

'무정(無情)'은 춘원(6·25때 납북)의 작품이다.

니체(독일의 철학자)는 이렇게 말했다.

(2) 특히 기호 또는 기호적인 구실을 하는 문자, 단어, 구에 쓴다.

(1) 주어 (ㄱ) 명사 (라) 소리에 관한 것

(3) 빈 자리임을 나타낼 적에 쓴다.

우리 나라의 수도는 ( )이다.

2. 중괄호({ })

여러 단위를 동등하게 묶어서 보일 때에 쓴다.

주격 조사 { 이 / 가 }　　국가의 3 요소 { 국토 / 국민 / 주권 }

3. 대괄호([ ])

(1) 묶음표 안의 말이 바깥 말과 음이 다를 때에 쓴다.

나이[年歲]　낱말[單語]　手足[손발]

(2) 묶음표 안에 또 묶음표가 있을 때에 쓴다.

명령에 있어서의 불확실[단호(斷乎)하지 못함]은 복종에 있어서의 불확실[모호(模糊)함]을 낳는다.

Ⅴ. 이음표[連結符]

1. 줄표(—)

이미 말한 내용을 다른 말로 부연하거나 보충함을 나타낸다.

(1) 문장 중간에 앞의 내용에 대해 부연하는 말이 끼여들 때 쓴다.

그 신동은 네 살에—보통 아이 같으면 천자문도 모를 나이에—벌써 시를 지었다.

(2) 앞의 말을 정정 또는 변명하는 말이 이어질 때 쓴다.

어머님께 말했다가—아니 말씀드렸다가—꾸중만 들었다.

이건 내 것이니까—아니, 내가 처음 발견한 것이니까—절대로 양보할 수가 없다.

2. 붙임표(-)

(1) 사전, 논문 등에서 합성어를 나타낼 적에, 또는 접사나 어미임을 나타낼 적에 쓴다.

겨울-나그네　불-구경　손-발

휘-날리다　슬기-롭다　-(으)ㄹ걸

(2) 외래어와 고유어 또는 한자어가 결합되는 경우에 쓴다.

나일론-실　디-장조　빛-에너지　염화-칼륨

3. 물결표(~)

(1) '내지'라는 뜻에 쓴다.

9월 15일 ~ 9월 25일

(2) 어떤 말의 앞이나 뒤에 들어갈 말 대신 쓴다.

새마을 : ~ 운동　~ 노래

-가(家) : 음악~　미술~

Ⅵ. 드러냄표[顯在符]

1. 드러냄표(˚, ˊ)

'、'이나 '。'을 가로쓰기에는 글자 위에, 세로쓰기에는 글자 오른쪽에 쓴다. 문장 내용 중에서 주의가 미쳐야 할 곳이나 중요한 부분을 특별히 드러내 보일 때 쓴다.

한글의 본 이름은 훈민정음이다.

중요한 것은 왜 사느냐가 아니라 어떻게 사느냐 하는 문제이다.

[붙임] 가로쓰기에서는 밑줄을 치기도 한다.

다음 보기에서 명사가 아닌 것은?

Ⅶ. 안드러냄표[潛在符]

1. 숨김표(××, ○○)

알면서도 고의로 드러내지 않음을 나타낸다.

(1) 금기어나 공공연히 쓰기 어려운 비속어의 경우, 그 글자의 수효만큼 쓴다.

배운 사람 입에서 어찌 ○○○란 말이 나올 수 있느냐?

그 말을 듣는 순간 ××란 말이 목구멍까지 치밀었다.

(2) 비밀을 유지할 사항일 경우, 그 글자의 수효만큼 쓴다.

육군 ○○부대 ○○○이 작전에 참가하였다.

그 모임의 참석자는 김××씨, 정××씨 등 5명이었다.

2. 빠짐표(□)

글자의 자리를 비워 둠을 나타낸다.

(1) 옛 비문이나 서적 등에서 글자가 분명하지 않을 때에 그 글자의

수효만큼 쓴다.

大師爲法主□□賴之大□薦(옛 비문)

(2) 글자가 들어가야 할 자리를 나타낼 때 쓴다.

훈민정음의 초성 중에서 아음(牙音)은 □□□의 석 자다.

3. 줄임표(……)

(1) 할 말을 줄였을 때에 쓴다.

"어디 나하고 한 번……."

하고 철수가 나섰다.

(2) 말이 없음을 나타낼 때에 쓴다.

"빨리 말해!"

"……."

참고문헌

강규선(2001), 『훈민정음연구』, 보고사.

강명윤(1992), 『한국어통사론의 제문제』, 한신문화사.

강신항(1990), 『훈민정음 연구』, 성균관대학교 출판부.

강옥미(2011), 『한국어음운론』, 태학사.

고영근·남기심(1987), 『표준중세국어문법론』, 탑출판사.

고영근(1999), 『국어형태론 연구』, 서울대학교 출판부.

구본관(1998), 『15세기 국어 파생법에 대한 연구』, 태학사.

국립국어연구원(1999), 『표준국어대사전』, 두산동아.

국립국어연구원(2003), 『표준 발음 실태 조사 Ⅰ-Ⅲ』, 국립국어연구원.

국립국어연구원(1995), 『한국 어문 규정집』, 국립국어연구원.

국립국어연구원(2001), 『한국 어문 규정집』, 국립국어연구원.

국립국어연구원(2000), 『(국어의 로마자 표기법(2000. 7. 7. 고시)에 따른) 로마자 표기 용례 사전』, 국립국어연구원.

국어연구소(1984), 「국어 로마자 표기법(해설」, 『국어생활』 1, 국어연구소.

국어연구소(1988), 『한글 맞춤법 해설』, 국어연구소.

국어연구소(1988), 『표준어 규정 해설』, 국어연구소.

권인한(2000), 「표준발음」, 『국어생활』 10-3, 국립국어연구원.

권재일(1992), 『한국어통사론』, 민음사.

김경아(1996), 『국어 음운표시와 음운과정』, 서울대학교 박사학위논문.

김계곤(1996), 『현대국어 조어법 연구』, 박이정.

김방한(1983), 『한국어의 계통』, 민음사.

김방한(1992), 『언어학의 이해』, 민음사.

김영희(1988), 『한국어통사론의 모색』, 탑출판사.

김정은(1995), 『국어 단어형성법 연구』, 박이정.

김진우(1985), 『언어, 탑출판사』.
김창섭(1996), 『국어의 단어형성과 단어구조 연구』, 태학사.
김희숙 외(2016), 『21세기 언어 한국어와 한국어교육』, 청운.
남기심 외(1977), 『언어학개론』, 탑출판사.
리의도(1999), 『이야기 한글 맞춤법』, 석필.
미승우(1993), 『새 맞춤법과 교정의 실제』, 어문각.
민족문화사(2003), 『(한글)맞춤법, 띄어쓰기』, 민족문화사.
민현식(1999), 『국어정서법연구』, 태학사.
민현식(1999), 『국어문법연구』, 태학사.
박종호(2014), 『설명과 예문으로 알아가는 한국어어문규정』, 청운.
박종호 외(2015), 『한국어교사를 위한 한국어학』, 청운.
박영순(1994), 『한국어 의미론』, 고려대학교 출판부.
배주채(2011), 『(개정판)국어음운론 개설』, 신구문화사.
배주채(2003), 『한국어의 발음』, 삼경문화사.
백문식(2005), 『(품위 있는 언어 생활을 위한) 우리말 표준 발음 연습』, 박이정.
북피아(2005), 『(새로운)한글 맞춤법.띄어쓰기』, 북피아.
서정범(2000), 『국어어원사전』, 보고사.
서정수(1998), 『국어문법』, 한양대학교 출판원
성기지(2001), 『생활 속의 맞춤법 이야기』, 역락 출판사.
손세모돌(1996), 『국어 보조용언 연구』, 한국문화사.
송기중(1991), 「한글의 로마자 표기법」, 『등불』, 국어정보학회.
송 민(2001), 『한국 어문 규정집』, 국립 국어 연구원.
송석중(1993), 『한국어문법의 새 조명』, 지식산업사.
송철의(1998), 「표준발음법」, 『우리말 바로 알리』, 문화부.
시정곤(1998), 『국어의 단어형성 원리』, 한국문화사.
신승용(2011), 『국어사와 함께 보는 학교문법 산책』, 태학사.
이기문(1972), 『국어사개설』, 민중서관.
이기문(1973), 『국어음운사연구』, 한국문화연구소.

이기문 외(1984), 『국어음운론』, 학연사.
이문규(2009), 『국어교육을 위한 현대 국어 음운론』, 한국문화사.
이은정(1990), 『최신 표준어·맞춤법 사전』, 백산출판사.
이은정(1991), 『한글 맞춤법에 따른 붙여쓰기/띄어쓰기 용례집』, 백산출판사.
이익섭(1983), 「한국어 표준어의 제문제」, 『한국 어문의 제문제』, 일지사.
이익섭(1992), 『국어표기법연구』, 서울대학교출판부.
이익섭외(1997), 『한국의 언어』, 신구문화사.
이종운(1998), 『국어의 맞춤법 표기』, 세창 출판사.
이주행(2005), 『한국어 어문 규범의 이해』, 도서출판 보고사.
이정민 외(1977), 『언어과학이란 무엇인가』, 문학과 지성사.
이주행(2011), 『알기 쉬운 한국어문법론』, 역락.
이진호(2005), 『국어 음운론 강의』, 삼경문화사.
이호영(1996), 『국어음성학』, 태학사.
임지룡(1995), 『국어의미론』, 탑출판사.
임지료 외(2005), 『학교문법과문법교육』, 박이정.
정연찬(1986), 『한국어음운론』, 개문사.
천시권·김종택(1971), 『국어의미론』, 형설출판사.
한글학회(1989), 『한글맞춤법 통일안(1933-1980), 외래어 표기법 통일안(1940), 우리말 로마자 적기(1984)』, 한글학회.
한용운(2004), 『한글 맞춤법의 이해와 실제』, 한국문화사.
허 웅(1981), 『언어학』, 샘문화사.
허 웅(1991), 『국어음운학』, 샘문화사.
홍윤표(1993), 『국어사 문헌자료 연구』, 태학사.
황경수·박종호(2008), 『세계어로서의 한국어학』, 청운.
황화상(2011), 『현대국어형태론』, 지식과교양

찾아보기

【ㅇ】

【ㅈ】

【ㅊ】

【ㅌ】

【ㅍ】

【ㅎ】

저자 약력

박종호

- 충남 대전 출생
- 중부대학교 한국어학과 교수
- 전, 국립국어원 찾아가는 문화학교 강사
- 논저, 한국어 학습자의 조사 오류 연구

    동사의미망 구축을 위한 '털다'의 속성 기술에 관한 연구

    한국어교육에서의 문법적 연어 분류에 관한 연구

    JB한국어(공저)

    한국어교사를 위한 한국어학

    한국어동사의미망구축방법론 등 다수

교양으로 알아야할 문법과 맞춤법

저 자 / 박종호

인 쇄 / 2017년 3월 3일
발 행 / 2017년 3월 7일

펴낸곳 / 도서출판 청운
등 록 / 제7-849호
편 집 / 최덕임
펴낸이 / 전병욱

주 소 / 서울시 동대문구 한빛로 41-1(용두동 767-1)
전 화 / 02)928-4482
팩 스 / 02)928-4401
E-mail / chung928@hanmail.net
chung928@naver.com

값 / 12,000원
ISBN 979-11-87869-02-3